Bessere Menschen? Technische und ethische Fragen in der transhumanistischen Zukunft

Michael C. Bauer · Laura Deinzer
Hrsg.

Bessere Menschen? Technische und ethische Fragen in der transhuma- nistischen Zukunft

 Springer

Hrsg.
Michael C. Bauer
Humanistische Vereinigung
Nürnberg, Bayern, Deutschland

Laura Deinzer
philoscience gGmbH
Nürnberg, Bayern, Deutschland

ISBN 978-3-662-61569-0   ISBN 978-3-662-61570-6   (eBook)
https://doi.org/10.1007/978-3-662-61570-6

Die Deutsche Nationalbibliothek verzeichnet diese Publikation in der Deutschen Nationalbibliografie; detaillierte bibliografische Daten sind im Internet über http://dnb.d-nb.de abrufbar.

Einbandabbildung: © ParamePrizma/stock.adobe.com

Planung/Lektorat: Stephanie Preuss
Springer ist ein Imprint der eingetragenen Gesellschaft Springer-Verlag GmbH, DE und ist ein Teil von Springer Nature.
Die Anschrift der Gesellschaft ist: Heidelberger Platz 3, 14197 Berlin, Germany

Vorwort

Die Frage danach, wie sich die Menschheit und der einzelne Mensch in Zukunft entwickeln wird, ist wohl so alt wie die Menschheit selbst. Unzählige utopische und dystopische Zukunftsvisionen lassen sich in Wissenschaft, Literatur und Film finden – besonders einprägsam natürlich in Science-Fiction-Visionen von Cyborgs, Androiden oder vom Zusammenleben mit Künstlicher Intelligenz (man denke nur an die „Terminator"-Reihe oder den 2014 erschienenen Film „Ex Machina"). Spricht man von transhumanistischen Vorstellungen von Zukunft, so zielen diese immer auf eine Verbesserung des Menschen hin: „besser, schneller, weiter, schlauer". Diese Bestrebungen der Leistungssteigerung kann man unter dem Sammelbegriff „Human Enhancement" fassen. Darunter versteht man, in Abgrenzung zur Therapie, die Optimierung und Erweiterung der Fähigkeiten gesunder Menschen.

Während diese Visionen bei dem einen Euphorie auslösen, führen sie bei der anderen zu eher gemischten

Gefühlen. Den Menschen zu einem „Besseren" werden zu lassen und ihn so dem Lauf der Evolution zu entheben – oder den Lauf der Evolution zu beschleunigen – birgt Chancen, aber auch Risiken in sich. Folgt man transhumanistischen Zukunftsvisionen, stünde eine Verschmelzung von Mensch und Technologie bevor. Einige dieser Mensch-Maschine-Verschmelzungen bringen durchaus großen medizinischen Nutzen mit sich: bereits heute sind technische Erweiterungen möglich wie zum Beispiel sogenannte intelligente oder fühlende Prothesen. Medizinische Implantate, wie Cochlea-Implantate, ermöglichen es gehörlosen Menschen, zu hören. Netzhautimplantate befähigen blinde Menschen dazu, Lichtquellen oder Gegenstände wahrzunehmen. Darüber hinaus kennt die Medizin noch andere Implantate, wie Herzschrittmacher oder Hirnschrittmacher: die sogenannte deep brain stimulation (tiefe Hirnstimulation), die bei Menschen mit Parkinson oder auch schweren Depressionen eingesetzt werden kann. Immer größerer Bekanntheit erfreut sich auch das sogenannte „Bodyhacking", bei dem sich Menschen NFC- oder RFID-Chips unter die Haut transplantieren lassen, um damit Türen zu öffnen, zu bezahlen, oder sich mit ihrem Smartphone zu verknüpfen. Spricht man über „Human Enhancement" ist damit nicht selten auch das sogenannte „Neuroenhancement" gemeint: Das Bestreben, kognitive Fähigkeiten oder die psychische Befindlichkeit mit pharmakologischen Mitteln zu optimieren.

Der Mensch verfügt also heute schon über zahlreiche technische Mittel und Wege, die Menschheit neu zu erfinden, zu optimieren und die Grenzen der Biologie zu sprengen. Man muss bei Diskussionen über die transhumanistische Zukunft gar nicht bis zur letzten Hoffnung mancher Transhumanist*innen blicken – der

Überwindung des Todes –, um die Risiken der visionären Utopien zu verstehen. Denn alle Zukunftsvorstellungen haben gemeinsam, dass sie eine Reihe ethischer Fragen mit sich bringen: Welche gesellschaftlichen Herausforderungen stehen uns angesichts des voranschreitenden Einsatzes von intelligenten Maschinen bevor? Wie lässt sich unsere technisierte Zukunft ethisch gestalten – in Anbetracht der zunehmenden Verschmelzung von Mensch und Maschine? Wie lässt sich ein Fortschritt hin zum optimierten Menschen so gestalten, dass er nicht ein Wunschtraum bleibt, der nur wenigen Privilegierten offensteht? Die Zukunft des Menschen ist so, wie sie es schon immer war: offen – und sie hängt nicht zuletzt von Entscheidungen über Sinn und Ziel der Optimierung des Menschen ab.

Eingangs wurde bereits erwähnt, dass „Enhancement" sich von Therapie abgrenzt, jedoch gibt es Bereiche der medizinischen Technik, in denen die Trennung der beiden Begriffe aufgeweicht wird. **Bertolt Meyer** und **Enno Park** zeigen, wie sich der Diskurs über Menschen mit Körperbehinderungen verschiebt und welche Rolle transhumanistische Diskurse dabei spielen. Welche Konnotationen bringt der Begriff „Cyborg" mit sich und wie verändert er gesellschaftlich vorhandene Stereotype über Menschen mit Behinderung?

Transhumanistische Visionen treffen nicht selten auf Ängste oder Missverständnisse, gerade dann, wenn es um Bestrebungen nach gesundheitlichen Eingriffen oder Verbesserungen geht. **Sina Klaß** und **Sebastian Bartoschek** greifen in ihrem Beitrag Fragen nach Verschwörungsdenken an der Schnittstelle zwischen Transhumanismus und Gesundheitswesen auf und erklären, wie eine Versachlichung der Debatte konkrete Ängste und Verschwörungstheorien entkräften kann.

Was könnte passieren, wenn Maschinen ihre eigene Moral entwickeln, die nicht mit der menschlichen übereinstimmt? **Oliver Bendel** geht der Frage nach, welche ethischen Implikationen intelligente Maschinen mit sich bringen. Ausgehend von grundlegenden Erklärungen zur Maschinenethik, wirft er einen tiefergehenden Blick auf Human Enhancement, stellt verschiedene Projekte der Maschinenethik vor und widmet sich der Verschmelzung von Mensch und Maschine.

Über die Mensch-Maschine-Beziehung schreibt auch **Tanja Kubes** – genauer gesagt über die Verschränkung von Geschlecht und Technik. Sie erklärt, wie sich stereotype Vorstellungen von Männern und Frauen auf Maschinen übertragen und wie Technik existierende Normierungen verstärken kann. Sie betont dabei vor allem, wie wichtig eine bewusste Gestaltung von Technik im Hinblick auf das menschliche Zusammenleben mit Maschinen ist.

Wie und in welchem Umfang wir in Zukunft mit intelligenten Maschinen zusammenleben ist eine der großen gesellschaftlichen Herausforderungen, die auf die Menschheit zukommen wird. Um Künstliche Intelligenz ranken sich dabei viele Mythen, die sich nicht zuletzt aus der Literatur oder dem Film speisen. Ein reflektierter Blick auf Künstliche Intelligenz kann dabei helfen, diese besser verständlich zu machen. **Katharina Weitz** erläutert anhand eines Roboters der Universität Augsburg, wie Künstliche Intelligenz zu Entscheidungen kommt, wie künstliche Lernprozesse funktionieren und wieso eine KI manchmal klüger erscheint als sie tatsächlich ist.

Gerade im Bereich der Medizin und der Therapie können technologische Errungenschaften bedeutende Veränderungen bringen. Im Forschungsfeld der Mensch-Maschine-Interaktionen eröffnen sich auch für die Psychotherapie neue Behandlungsansätze. **Christiane Eichenberg** stellt die neuesten Anwendungen des

E-Mental Health vor und erörtert dessen Potenziale in einem kritischen Diskurs. Dabei kommt sie vor allem auf den Einsatz von Robotern in der Therapie zu sprechen, die in unterschiedlichsten Behandlungsfeldern Erfolge erzielen können.

In diesem Band werfen wir auch einen Blick auf das bereits technisch Mögliche in der Medizin: **Birger Kollmeier** befasst sich mit der Frage, ob die Hörgerätetechnologie bzw. die Audiotechnologie dem Menschen in Zukunft zu leistungssteigernden Fähigkeiten verhelfen kann. Können Sprachassistenzsysteme in sogenannten „Hearables" bald eine Sprache nahtlos in eine andere übersetzen und so zum Douglas Adams'schen „Babelfisch" werden?

Eine andere Sicht auf medizinisch mögliche Anwendungen ist im Beitrag von **Thomas Stieglitz** zu lesen. Er beschreibt das Potential von Neurotechnik und bioelektronischer Medizin in der Behandlung von Patient*innen, sei es bei Amputationsverletzungen mit „fühlenden Prothesen" oder bei der Behandlung von Bluthochdruck mit elektrischer Nervenstimulation.

Welche Bedeutungen Prothesen für deren Träger*innen haben ist Gegenstand des Beitrags von **Melike Şahinol**. Sie beschäftigt sich mit dem Innovationspotential von Netzwerken, die kostenlose 3D-gedruckte Prothesen für Kinder erstellen und erörtert, welche Implikationen diese „ermöglichenden Technologien" für Kinder mit sich bringen. Wie sehr sich die Prothesen dabei zwischen der Schaffung von Normalität und dem Human Enhancement bewegen, zeigt sie in ihrem Beitrag auf.

Einen philosophischen Kommentar zu transhumanistischen Zukunftsvisionen bringt **Stefan Lorenz Sorgner** ein. Ausgehend von der Tatsache, dass das Internet der Dinge bereits Einzug in die Gesellschaft gehalten hat und dessen Entwicklung noch lange nicht abgeschlossen ist, entwirft er die Vorstellung eines „geupgradeten Menschen", durch dessen Existenz sich viele Möglichkeiten, aber auch massive gesellschaftliche Herausforderungen ergeben. Die Konsequenzen und Vorstellungen, die in diesem Beitrag aufgegriffen werden, sind nicht abschließend diskutiert und bedürfen einer tiefergehenden ethischen und gesellschaftlichen Einordnung. (Transhumanistische) Diskurse über Big Data, Optimierung und Digitalisierung des Menschen oder die Entwicklung unseres Sozialsystems werden sowohl für Wissenschaftler*innen als auch gesamtgesellschaftlich in Zukunft eine Rolle spielen.

Die Herausgebenden danken den Autor*innen für ihre Bereitschaft für diesen Tagungsband ihre Beiträge zur Verfügung zu stellen. Er geht zurück auf das jährliche **turm**der**sinne**-Symposium, das im Oktober 2019 in der Fürther Stadthalle stattfand. Wir danken allen haupt- und ehrenamtlich Beteiligten, die in jedem Jahr das Symposium durch ihren Einsatz und ihr Engagement ermöglichen.

Laura Deinzer
Michael C. Bauer

Inhaltsverzeichnis

Autorenverzeichnis

Dr. Sebastian Bartoschek Institut für Psychologische Dienstleistungen Dr. Bartoschek, Herne, Deutschland

Prof. Dr. Oliver Bendel Institut für Wirtschaftsinformatik, Hochschule für Wirtschaft FHNW, Windisch, Schweiz

Prof. Dr. Christiane Eichenberg Wien, Österreich

M.Sc. Sina Klaß Institut für Psychologische Dienstleistungen Dr. Bartoschek, Herne, Deutschland

Prof. Dr. Dr. Birger Kollmeier Abteilung Medizinische Physik, Carl von Ossietzky Universität Oldenburg, Oldenburg, Deutschland

Dr. Tanja Kubes ZIFG, FG Gender in MINT und Planung/Feminist Studies in Science, Technology and Society, TU Berlin, Berlin, Deutschland

Prof. Dr. Bertolt Meyer Institut für Psychologie, Technische Universität Chemnitz, Chemnitz, Deutschland

Enno Park Berlin, Deutschland

Dr. Melike Şahinol Orient-Institut Istanbul, Istanbul, Türkei

Prof. Dr. Stefan Lorenz Sorgner John Cabot University, Rom, Italien

Prof. Dr. Thomas Stieglitz Labor für Biomedizinische Mikrotechnik, Institut für Mikrosystemtechnik-IMTEK, Albert-Ludwigs-Universität Freiburg, Freiburg, Deutschland

Katharina Weitz M.Sc. Institut für Informatik, Lehrstuhl für Multimodale Mensch-Technik Interaktion, Universität Augsburg, Augsburg, Deutschland

„Cyborg" – Chancen und Problematiken des Begriffs im Spannungsfeld zwischen Therapie und Transhumanismus

Bertolt Meyer und Enno Park

Einleitung

Medizintechnische Hilfsmittel wie Prothesen, Implantate, am Körper getragene Insulinpumpen und Sprachcomputer haben sich in den letzten Jahren rasant entwickelt. Die Konvergenz von Medizintechnik, Informatik, Robotik und Materialwissenschaften hat in den letzten

B. Meyer (✉)
Institut für Psychologie, Technische Universität Chemnitz, Chemnitz, Deutschland
E-Mail: bertolt.meyer@psychologie.tu-chemnitz.de

E. Park
Berlin, Deutschland
E-Mail: mail@ennopark.de

M. C. Bauer und L. Deinzer (Hrsg.), *Bessere Menschen? Technische und ethische Fragen in der transhumanistischen Zukunft*, https://doi.org/10.1007/978-3-662-61570-6_1

20 Jahren zu einer explosionsartigen (Weiter-)Entwicklung und gesteigerten Verfügbarkeit solcher Hilfsmittel für Menschen mit Einschränkungen geführt. Eine neue Kategorie hochtechnisierter digitaler Hilfsmittel ist entstanden; sie enthält sensor- und computergesteuerte bionische Arm- und Beinprothesen, Cochlea-Implantate für gehörlose Menschen und retina-implantierte Sehprothesen für blinde Menschen. Der Erfolg von neuen Materialien und Technologien bei medizinischen Hilfsmitteln zeigt sich auch exemplarisch im paralympischen Sport: Der unterschenkelamputierte deutsche Weitspringer Markus Rehm springt mit seiner Carbonfederprothese weiter als jeder deutsche nicht behinderte Weitspringer. Dieser Rekord wird jedoch nicht anerkannt, da nicht klar sei, ob er mit seiner Prothese einen unerlaubten Vorteil gegenüber nicht behinderten Athleten habe (Hungermann 2014).

An den genannten Entwicklungen und am Beispiel Rehms zeigt sich, dass die Grenze zwischen Therapie und Enhancement in einigen Teilbereichen verschwimmt. Im Kontext von Hilfsmittelversorgungen bezeichnet Therapie den Versuch, Fähigkeiten einer Person, die unterhalb einer gesellschaftlichen Norm liegen, in Richtung der Norm zu verbessern (Bockman 2010). Beispielsweise ist die Fähigkeit zum aufrechten Gang bei Menschen mit einer Querschnittslähmung eingeschränkt bzw. nicht vorhanden. Ein computergesteuertes Exoskelett kann einen Menschen mit Querschnittslähmung wieder dazu befähigen, aufrecht zu gehen, aber die resultierende Gehfähigkeit liegt beim heutigen Stand der Technik weiterhin weit unterhalb der durchschnittlichen Gehfähigkeiten in unserer Gesellschaft: Mit einem Exoskelett kommt man nur langsam und relativ mühsam voran. Unter Enhancement sind Applikationen von Technologie an bzw. in dem menschlichen Körper zu verstehen, die die Fähigkeiten des Körpers über die gesellschaftliche Norm hinaus verbessern sollen (Allhoff et al. 2010; Holge 2005; Karpin und Mykitiuk 2008; Menuz et al. 2013). Heute bereits real existierende Beispiele für Enhancement für nicht behinderte Personen im engeren Sinne sind selten. In bestimmten Kreisen zählt bereits die Implantation eines RFID-Chips in die Hand als Enhancement, weil dadurch der Körper kontinuierlich ein drahtloses Signal (das lediglich eine Zahlenfolge enthält, die der implantierten Person zuordbar ist) aussendet, das bspw. für Bezahlungen oder die Identifikation bei Türschlössern genutzt werden kann.

Obwohl an anderer Stelle postuliert wird, dass Therapie und Enhancement zwei unterschiedliche Dinge sind (Meyer und Asbrock 2018), gibt es Anwendungsbereiche der Medizintechnik, in denen die Grenze zwischen den beiden Konzepten verschwimmt: Eine moderne bionische Handprothese hat kein taktiles Feedback und man kann mit ihr nicht Klavier spielen. Eine moderne Handprothese kann aber das Handgelenk endlos um 360° rotieren und ist hitzebeständig. Mit einem Cochlea-Implantat kann man nicht so gut hören wie mit einem gesunden menschlichen Ohr, aber Träger*innen von Cochlea-Implantaten können es in lauten Umgebungen wie z. B. einem Club in einen Modus schalten, der die lauten Frequenzen herausfiltert. In einer solchen Umgebung können Träger*innen von Cochlea-Implantaten Sprache potenziell besser verstehen als normal hörende Menschen. Mit modernen Sport-Beinprothesen aus Carbonfedern kann man zwar sehr schlecht ruhig stehen, weil sie keine Fersen haben, man kann aber mit ihnen besser bzw. energieeffizienter laufen als mit Füßen aus Fleisch und Blut. An diesen Beispielen zeigt sich, dass selbst heutige therapeutische Medizintechnik, obwohl sie insgesamt systemisch dem menschlichen Körper bezüglich der Funktionalität, die sie wiederherstellen soll, unterlegen ist, in bestimmten spezifischen Funktionen aber gegenüber dem Normkörper überlegen ist. Es erscheint jedoch völlig verfehlt, aufgrund solcher Phänomene heute die Entwicklungen von Prothesen für Menschen mit Behinderung als Enhancement zu bezeichnen und/oder sie mit ethischen Problemen zu assoziieren, wie wir weiter unten verdeutlichen.

Die Möglichkeit, den menschlichen Körper durch Prothesen, Implantate oder ähnliches nicht nur zu „reparieren", sondern über die natürlichen Fähigkeiten hinaus zu verbessern, erzeugt eine große mediale und gesellschaftliche Resonanz: Spätestens seit den 2010er-Jahren ist der technisch aufgerüstete Körper im popkulturellen Diskurs angekommen, wie sich an der Berichterstattung über die Evangelisten dieser Entwicklung wie Hugh Herr, Aimee Mullins und Neil Harbisson zeigt. In der britischen TV-Berichterstattung über die paralympischen Spiele in London 2012 wurden die Athletinnen und Athleten mit Behinderung sogar als *„superhumans"* bezeichnet.

Die Gründe für die gesellschaftliche Aufmerksamkeit auf die mögliche technische Verbesserung des Körpers sind vielfältig. Einer der Gründe mag der Paradigmenwechsel sein, der durch die Technisierung der körperlichen Fähigkeiten eingeläutet oder zumindest aufgezeigt wird: In der bisherigen technischen Entwicklung der Menschheit haben Menschen die Beschränkungen ihrer Körper dadurch überwunden, dass sie in die Umwelt des Körpers eingegriffen haben, bspw. indem sie Autos, Straßen und Mobiltelefone entwickelt haben. Menschen haben Bücher gedruckt und Bibliotheken gebaut, um Wissen über den Tod hinaus zu bewahren. Jetzt zeichnet sich ab, dass die technische Entwicklung die Grenze des Körpers überwindet. Dies würde in der Tat einen Paradigmenwechsel in der technologischen Entwicklung der Spezies Mensch darstellen und jahrhundertealte Selbstverständlichkeiten über die „Natürlichkeit" des Körpers infrage stellen.

Sinnbildhaft für die Möglichkeit der technischen Aufrüstung des menschlichen Körpers durch eine Verschmelzung von Mensch und Maschine ist der Begriff des Cyborgs. Er geht auf das Konzept des kybernetischen Organismus *(Cybernetic organism)* zurück: Die Originalautoren (Clynes und Kline 1960) verstanden unter diesem Begriff einen Organismus, dessen Metabolismus künstlich so verändert wird, dass er im Weltraum oder auf fremden Planeten mit für Menschen schädlichen atmosphärischen Bedingungen überleben kann. Anstatt mit aufwendigen Lebenserhaltungssystemen die eigene Atmosphäre künstlich herzustellen, wird der Organismus eines Astronauten bzw. einer Astronautin an andere (normalerweise schädliche oder tödliche) atmosphärische Bedingungen angepasst. Auf diese Weise lassen sich Lebenserhaltungssysteme einsparen. An die Stelle der Anpassung der Umwelt an den Menschen tritt beim Cyborg also die Anpassung des Menschen an die Umwelt aus Effizienzgründen. Während der Begriff sich über die Jahrzehnte gewandelt hat und heute ein Mischwesen aus Mensch und Technik beschreibt (Meyer und Asbrock 2018), so ist in der originalen Anlage des Begriffs bereits enthalten, dass der Körper gezielt verändert wird, damit er unter Bedingungen funktioniert, unter denen er normalerweise nicht funktionieren würde. Die Überschreitung der funktionalen Grenzen der biologischen Fähigkeiten des menschlichen Körpers macht demnach den Kern des Cyborgs aus.

Nach dieser Einführung gehen wir im Folgendem auf die Problematiken und Chancen des Begriffs „Cyborg" im Kontext von Behinderung ein.

Transhumanismus, Behinderung und Cyborgs: Technologie und die Verschiebung von Stereotypen über Behinderung

Möglicherweise zeichnet sich momentan der Moment in der Entwicklung der menschlichen Spezies ab, in dem die technologische Entwicklung des Menschen die Grenze zwischen Mensch und Umwelt überwindet und an dem es möglich wird, die Beschränkungen des menschlichen Körpers durch Technologie an und im Körper zu überwinden. Dies ist die zentrale Idee des sogenannten Transhumanismus; die entsprechenden Prozesse der geplanten oder schon durchgeführten technologischen Aufrüstung des Körpers werden gemeinhin mit dem englischen Begriff des „Human Enhancements" bezeichnet. Wie bereits oben erwähnt, beschreibt der Begriff jene Vorgänge, die darauf abzielen, die Fähigkeiten eines menschlichen Körpers, die sich innerhalb einer gesellschaftlichen Norm befinden, auf ein Niveau zu heben, das oberhalb unserer heutigen gesellschaftlichen Norm liegt (Menuz et al. 2013).

Der Transhumanismus und Human Enhancement beinhalten für die Befürworter dieser Entwicklung, die sog. Transhumanisten, die Verheißung, die Evolution des Menschen auf eine neue Stufe zu heben, um so mit den großen Herausforderung der heutigen Zeit umgehen zu können. Für die einen ist dies eine Verheißung: Vielleicht erlauben Brain-Computer-Interfaces – Elon Musk hat mit seinem „NeuraLink"-Produktentwurf seine Vision eines solchen für den Massenmarkt vorgestellt – in Zukunft völlig neue kreative Anwendungen und Möglichkeiten. Für die anderen ist ein Transhumanismus, dessen Vertreter von einer Zukunft träumen, in der Menschen ihre Sterblichkeit durch einen Chip im Gehirn bewältigen können, mit dessen Hilfe sie ihr Wissen oder sogar ihre ganze Persönlichkeit in ein Computersystem uploaden können, eine Horrorvorstellung.

Diese dualistische Betrachtungsweise – Transhumanismus als beinahe religiöses Heilsversprechen oder Transhumanismus als Dystopie – spiegelt sich in der Popkultur wider. In aktuellen Hollywoodfilmen werden Menschen mit bionischen Prothesen, die ihren Träger*innen Fähigkeiten verleihen, die über die Norm hinausgehen, nicht nur als Helden – wie z. B. in den Filmen *Elysium* und *Ghost in the Shell* – dargestellt. Sie sind auch Superschurken: Gazelle in *Kingsmen,* Doctor Octopus in *Spider Man* oder der Cyborg-Superschurke Donald Pierce in den Marvel ®-Comics, dem seine bionische Hand übernatürliche Fähigkeiten verleiht.

Es hat eine gewisse Tragikomik, dass die Diskurse um ethische Grenzen des Transhumanismus und der technischen Erweiterung der Fähigkeiten des menschlichen Körpers sich ausgerechnet an der medialen Darstellung von Technologien entzünden, die eigentlich nichts mit Transhumanismus und Enhancement zu tun haben, nämlich moderne Prothesen und Implantate. Prothesen und Implantate haben primär therapeutische Zwecke: Sie sollen Menschen, deren Fähigkeiten unterhalb der gesellschaftlichen Normwerte liegen, dazu befähigen, wieder Fähigkeiten zu erhalten, die näher an oder sogar in der Norm liegen. An dem Ziel, Menschen, denen ein Bein fehlt, wieder ein natürliches Gangbild zu ermöglichen, oder Menschen, denen ein Arm fehlt, zu Klavierspiel zu verhelfen, lässt sich beim besten Willen nichts Bedrohliches und nichts ethisch Problematisches festmachen. Eine ethische Problematik ergibt sich erst an der Stelle, an der es der ersten Firma gelingt, ein technisches Ersatzteil für ein menschliches Körperteil herzustellen, das funktional *besser* ist als das Original. An diesem

Punkt würde ein solches Produkt seinen eigenen Markt schaffen. Wo heutige Prothesenhände, die eben nicht zum Klavierspielen taugen, nur einen sehr kleinen Markt haben – nämlich diejenigen Menschen, denen aufgrund von Unfall, Erkrankung oder Fehlbildung eine Hand fehlt – würde eine Prothesenhand, die Superkräfte verleiht oder ihre Träger*innen mit der entsprechenden App zu Konzertpianist*innen auf Weltniveau erhebt, potenziell für jeden Menschen interessant sein. Mit einem solchen Produkt wären Milliarden zu verdienen, und es ist zu befürchten, dass bei solchen Verwertungsmöglichkeiten ethische Fragen hinter marktwirtschaftlichen Interessen zurücktreten.

Eine Verschiebung des Diskurses über Körperbehinderung ist auch daran ablesbar, dass paralympischen Sportlern unterstellt wurde, dass sie durch ihre Carbonprothesen einen unfairen Vorteil gegenüber Sportler*innen ohne Behinderung hätten. Das Wort „Techno-Doping" machte die Runde (Blaschke 2012). Diese Entwicklung ist insofern bemerkenswert, als dass Behinderung normalerweise nicht mit übermenschlichen und/oder bedrohlichen Fähigkeiten assoziiert wird. In der Verschmelzung zwischen Mensch und Technik zum Cyborg entsteht jedoch ein potenziell neues Stereotyp über Menschen mit Behinderung, deren (eingeschränkter) Körper mit Technologie aufgerüstet wird. Sie werden zu einer potenziellen Bedrohung, mindestens jedoch zu einer neuen potenziellen Konkurrenz für die nicht behinderte Mehrheitsgesellschaft.

Gemäß dem Stereotype-Content-Modell (Fiske et al. 2007) kommunizieren Stereotype abseits ihres oberflächlichen Inhalts wie „Alte Menschen sind schwerhörig" Informationen über die jeweils stereotypisierte Gruppe auf den beiden Dimensionen „Wärme" und „Kompetenz". Die Wärmedimension beschreibt, ob Mitgliedern der betroffenen sozialen Gruppe eher gute Absichten (warm) oder schlechte Absichten (kalt) unterstellt werden. Die Kompetenzdimension beschreibt das Ausmaß, mit dem Mitgliedern der Kategorie unterstellt wird, dass sie ihre Absichten in die Tat umsetzen können (inkompetent: sehr unwahrscheinlich, kompetent: sehr wahrscheinlich). Wenn Menschen eine andere Person wahrnehmen, wird diese in der Regel als Angehörige einer sozialen Kategorie kategorisiert (z. B. „Rentner"). Zu dieser Kategorie gibt es dann eine stereotype Zuschreibung von Wärme und Kompetenz, welche wiederum unsere Emotionen und unser Verhalten gegenüber der Person beeinflusst (Cuddy et al. 2007). Menschen mit körperlicher Behinderung und Rentnern werden, das zeigt die empirische Forschung zum SCM (Cuddy et al. 2009), typischerweise gute Absichten und geringe Kompetenz zugeschrieben. Dieses warm-inkompetente Stereotyp wird auch als paternalistisches Stereotyp bezeichnet; es führt zu Mitleid und zur Hilfsbereitschaft.

Technologie wird in der Regel mit Kompetenz assoziiert, da mit Technik Dinge möglich sind, die der Mensch alleine nicht vollbringen kann. Von daher ist es naheliegend, dass Menschen mit Körperbehinderung, die diese mit (sichtbarer) Technik ausgleichen, als kompetent wahrgenommen werden, weil die Kompetenz, die stereotyp mit Technologie assoziiert wird, die Inkompetenz, die mit der Behinderung assoziiert wird, ausgleicht. Zu diesem Ergebnis kommt auch eine empirische Studie (Meyer und Asbrock 2018): Menschen mit Behinderung, die bionische Prothesen tragen (so das verwendete Label), wurden dort als beinahe ebenso kompetent und als ebenso warm wie Menschen ohne Behinderung eingeschätzt. Wurden die Untersuchungsteilnehmerinnen jedoch gebeten, „Cyborgs" auf den Dimensionen „Wärme" und „Kompetenz" einzuschätzen, so wurden diese als

extrem kalt (also als böse) und als relativ kompetent eingeschätzt. Hier zeigt sich empirisch die Problematik
des Begriffs: Cyborgs werden als kalt/kompetent wahrgenommen, also als Bedrohung. Personen, die als Cyborgs
wahrgenommen/kategorisiert werden, müssen gemäß
den Modellvorhersagen des Stereotype-Content-Modells
(Cuddy et al. 2007) damit rechnen, dass sie ausgegrenzt
werden und dass man ihnen schaden möchte. In der
Studie wurden auch Einschätzungen für Wärme und
Kompetenz gegenüber nicht behinderten Personen
erhoben, die ihre Körper mit Technologie über die Norm
hinaus verbessern. Diese wurden ebenfalls als kalt und
kompetent wahrgenommen – ähnlich wie der „Cyborg".
An diesen Befunden zeigt sich, dass ein technischer
Fortschritt, der zu immer mehr Technik an und im
(nicht behinderten) Körper führt, einen sozialen Preis
haben könnte: Ablehnung und Ausgrenzung zwischen
gesellschaftlichen Gruppen mit den einhergehenden
Konflikten.

Die Vermischung von transhumanistischen Diskursen mit therapeutischen Prothesen für Menschen mit
Behinderung unter dem Label „Cyborgs" ist letztendlich gefährlich, weil das Risiko besteht, ein neues aus-
grenzendes Stereotyp über Menschen mit Behinderungen
zu erschaffen. Die Verwendung des Labels „Cyborg"
für Menschen mit Behinderung ist problematisch,
weil damit für eine inklusivere Gesellschaft nichts
gewonnen wird: Das ausgrenzende Stereotyp des netten
und harmlos-unfähigen Menschen mit Behinderung
wird durch das Stereotyp des bedrohlichen Cyborgs
ersetzt. In der Konsequenz sähen sich die Betroffenen
noch mehr Ausgrenzung als zuvor ausgesetzt, da sie
nun als potenzielle Gefahr wahrgenommen werden.
Von daher kann die Verwendung des Begriffs „Cyborg"
als Kategorie sozialer Identität, als Label für andere *in*

seiner momentanen Bedeutung nicht für Menschen mit Behinderung verwendet werden – schon gar nicht durch Menschen, die nicht behindert sind –, da er sie einer potenziell stärkeren Ausgrenzung als bisher aussetzt. In seiner momentanen Bedeutung deshalb, als dass es durchaus möglich erscheint, die ausgrenzende Komponente des Cyborg-Begriffs durch eine emanzipatorische Verwendung und Selbstermächtigung zu ändern, wie wir im Folgenden darlegen.

Der Cyborg als emanzipatorischer Begriff für selbstbestimmten Umgang mit Behinderung

Der Cyborg kann auch als eine konstruktive Kategorie der Selbstermächtigung verwendet werden: In ihrem Cyborg-Manifest (Haraway 2006) benutzt die Autorin den Begriff, um eine Alternative zu einem rein identitätspolitisch orientiertem Feminismus zu entwickeln. In ihrem Text steht der Cyborg für eine ermächtigende Möglichkeit, die eigene Identität selbst zu konstruieren und dabei Grenzen sozialer Identitäten zu überschreiten – so wie der Cyborg die Grenzen zwischen Mensch und Maschine überschreitet und sich dadurch in unterschiedlichen Welten bewegen kann.

Obwohl der Cyborg als Kategorie zur Konstruktion von sozialer Identität wenig tauglich ist, wie wir im nächsten Abschnitt argumentieren, steckt in ihm doch auch der emanzipatorische Verweis auf die eigenen Gestaltungsmöglichkeiten. Auf Menschen mit Behinderung übertragen bedeutet dies, dass die technischen Erweiterungen ihres Körpers ihnen die Möglichkeit geben, ihren aus Sicht der Mehrheitsgesellschaft defizitären Körper selbst technologisch und/oder ästhetisch nach ihren eigenen Vorstellungen zu gestalten, ohne dabei gängigen Körperschemata oder Funktionsnormen entsprechen zu müssen.

Als Beispiel für eine kreative ästhetische Gestaltung des beeinträchtigten Körpers soll an dieser Stelle die Modefirma UNYQ® herhalten, deren Gründer selbst eine Beinprothese trägt. UNYQ entwickelt jede Saison neue modisch gestaltete Plastikabdeckungen für Bein- und Armprothesen, die in Kollektionen wie modische Accessoires vertrieben werden. Diese Abdeckungen sind eben nicht aus hautfarbenem Kunststoff und dienen nicht dazu, die Prothese zu verstecken. Sie sollen im Gegenteil Individualität und Gestaltungsspielräume vermitteln und haben mit ihren Designs aus Carbon und farbenfrohem Plastik eine eigene Designsprache, die sich so in der textilen Mode nicht findet.

Prothesen und Implantate erlauben es ihren Trägern auch, sie spezifisch technisch zu modifizieren. Niederschwellige Beispiele hierfür sind die vielen persönlichen Einstellungen, die Nutzer*innen von Cochlea-Implantaten, Armprothesen und Beinprothesen über die Steuerungs-Software an ihren Geräten vornehmen können. Extreme Beispiele beinhalten nutzergenerierte Veränderungen oder Selbstentwicklungen der Hard- und Software. Im aufkommenden Zeitalter des 3D-Drucks sind sogar völlig selbst gestaltete Prothesen möglich: 2017 machte die elfjährige Jordan Reeves Schlagzeilen, der von Geburt an der linke Unterarm fehlt und die sich mithilfe eines 3D-Druckers eine Prothese baute, die Glitzer verschießt (Krasavage 2017). Einer der Autoren dieses Beitrags entwickelt gerade einen Aufsatz für seine Armprothese, der anstelle der Hand auf den Schaft gesteckt wird und die Muskelimpulse, die normalerweise die Hand steuern, in Steuersignale für einen Synthesizer konvertiert, der so direkt an die Prothese angeschlossen werden kann. Mit diesem sogenannten SynLimb fühlt es sich an, als würde man einen Synthesizer mit den Gedanken steuern. Das fehlende Körperteil bietet in diesem Beispiel Platz für die Entwicklung eines eigenen Interfaces, mit dem das möglich wird, was für das eigene Leben passt: Glitzer verschießen oder Synthesizer spielen.

In diesen Beispielen wird aus dem Cyborg ein Mensch, der dazu in der Lage ist, die Technologie, die seine Beeinträchtigung(en) ausgleichen soll, nach den eigenen Vorstellungen kreativ und personalisiert zu gestalten und zu formen. Somit gewinnt der Cyborg Kontrolle und Gestaltungsspielraum über seinen vermeintlich defizitären Körper und kann sich in gewisser Weise selbst ermächtigen. Er tut dies nicht primär, um sich gegenüber der Mehrheitsgesellschaft zu distinguieren oder um sich über sie zu stellen. Er tut dies, um den eigenen Körper für die eigene spezifische Lebensrealität am sinnvollsten zu gebrauchen und nach den eigenen Vorstellungen zu formen. Wichtig erscheint hier, dass der Ausgangspunkt für diese kreative Gestaltung des eigenen Körpers ein aus Sicht der Mehrheitsgesellschaft defizitärer Körper ist, der in seinen Fähigkeiten unterhalb der gesellschaftlichen Norm liegt. Diese Diskrepanz zwischen Norm und Beeinträchtigung eröffnet hier den Spielraum zur kreativen Selbstgestaltung in Angrenzung von der an gesellschaftlichen Normen gemessenen Selbstoptimierung, die einsetzt, wenn der Ausgang nicht im beeinträchtigten Körper, sondern im Normkörper liegt, wie im nächsten Abschnitt ausgeführt wird.

Ein solch technisch-kreativ-ermächtigender Umgang mit der eigenen Behinderung bietet das Potenzial dafür, die negativ-bedrohliche Konnotation des Cyborgs zu überschreiben. Wenn Menschen mit Behinderung sich selber selbstbewusst als Cyborg bezeichnen und dies im Kontext des zuvor skizzierten selbstermächtigenden kreativen Umgangs mit ihrer Beeinträchtigung tun, kann der Cyborg vielleicht die emanzipatorische Kraft entfalten, wie es die Begriffe „schwul" und „gay" in der Bürgerrechtsbewegung getan haben. Zunächst als herabwürdigender Begriff aus der Mehrheitsgesellschaft für die Angehörigen einer vermeintlich statusniedrigen Minderheit verwendet, hat sich die Bedeutung dieser Begriffe durch ihre selbstbewusste Bemächtigung durch die Schwulen und Lesben gesellschaftlich extrem gewandelt (*gay pride*). Dieser Prozess hat die Sichtbarkeit von Schwulen und Lesben befördert und war ein wichtiges Element auf dem Weg ihrer gesellschaftlichen Anerkennung. Vielleicht ist es durch einen ähnlichen Umgang mit dem Begriff des Cyborgs möglich, seine negativ-bedrohliche Einfärbung, die sich in den Befunden von Meyer und Asbrock (2018) zeigt, zu verändern.

Die Untauglichkeit des Begriffs „Cyborg" als soziale Kategorie im Kontext des Transhumanismus

Eine Kernannahme der sozialen Identitätstheorie (Tajfel und Turner 1986) besagt, dass Menschen nach einem hohen Selbstwert streben. Der eigene Selbstwert wird dabei aus der wahrgenommenen Zugehörigkeit zu sozialen Kategorien bzw. Gruppen abgeleitet, die wiederum mit anderen Gruppen verglichen werden. Mit anderen Worten: Individuen streben in der Regel nach maximaler selbst zugeschriebener Kompetenz und Wärme, die sie in Teilen von den Gruppen ableiten, denen sie sich zugehörig fühlen.

Aus der Verknüpfung dieses Phänomens mit den zuvor dargestellten Zusammenhängen zwischen Bionik und Kompetenzzuschreibungen ergibt sich, dass Menschen ihren wahrgenommenen Selbstwert erhöhen können, indem sie ihre selbst zugeschriebene Kompetenz durch die Inkorporation von Technologie erhöhen. Die technische Aufrüstung des eigenen Körpers wird so gewissermaßen zu einer technischen Aufrüstung der eigenen Identität; Technologie verschafft so nicht nur funktionale Verbesserung, sondern auch eine psychologische. Für Menschen mit Behinderung bietet bionische Technik deshalb auch die Möglichkeit, das eigene Stigma auszugleichen. Wie die Studie von Meyer und Asbrock (2018) zeigt, werden Menschen mit einer Behinderung, die eine bionische Prothese tragen, als beinahe so kompetent wahrgenommen wie Menschen ohne Behinderung. Die Prothese wird auf diese Weise zu einer psychologischen Prothese.

Anders stellt sich die Inkorporation von Technologie in die eigene Identität für Menschen ohne Behinderung dar, deren Körper innerhalb der gesellschaftlichen Normen liegt. Hier wird die technische Aufrüstung des Körpers zum Distinktionsmerkmal, mit dessen Hilfe man sich im Vergleich zu anderen Normkörpern mit mehr (selbst) zugeschriebener Kompetenz absetzen kann. Hier geht es nicht um die Ablage von Stigmata, sondern um die eigene Überhöhung. Manchen Individuen mag der Cyborg deshalb als eine erstrebenswerte Distinktionskategorie erscheinen, als eine Identität des übermenschlichen, eben des *trans-humanistischen,* die einen Selbstwert jenseits des „normalen" verspricht.

Unter dieser Perspektive wird bionische Technik für nicht behinderte Menschen zu einem Marketing-Gag, der eine Identität verspricht, wo im Zweifel wenig bis kein technischer Nutzen vorhanden ist. Beispielhaft dafür soll an dieser Stelle der Trend bzw. die Möglichkeit stehen, sich einen RFID-Chip bzw. einen NFC-Chip in die Falte zwischen Daumen und Zeigefinger mittels Hohlnadelinjektion zu implantieren. Beispielsweise bewirbt die Website https://chip-implants.com dieses Verfahren unter der Überschrift „*I am Robot*" und spricht davon, dass man auf diese Weise seinen Körper „upgraden" könne. Gerade das „*I am*" im Kontext dieser Technik zeigt an, dass einem geringen funktionalen Alltagsnutzen eine ziemlich große Kategorie bzw. Identität nebenangestellt wird: Die des Roboters. Das Upgrade hat in diesem Kontext eine doppelte Bedeutung: Neben der (vermeintlichen) funktionalen Verbesserung des Körpers schwingt etwas anderes mit. Das medizinische Risiko eines solchen Eingriffs, der in der Regel in Tattoo-Studios vorgenommen wird, steht in keinem Verhältnis zum geringen funktionalen Nutzen eines RFID-Chips, der im Alltag gegen null tendiert. Den Anhängerinnen und Anhängern dieses Phänomens ist stattdessen zu unterstellen, dass der psychologische Nutzen im Sinne des zuvor beschriebenen Distinktionsgewinns bei der Entscheidung für einen solchen Chip im Vordergrund steht. So ist das einzig verbindende der vermeintlichen sozialen Kategorie oder Identität des Cyborgs der Wunsch der Mitglieder der Kategorie nach sozialer Distinktion (im Sinne eines „Upgrades") von den Nicht-Cyborgs.

Eine Identität, die ihren Wesenskern jedoch lediglich aus dem Wunsch nach Unterscheidung von anderen Identitäten speist, eine Identität, deren kleinster gemeinsamer Nenner darin besteht, besser [kompetenter] als die Außengruppe zu sein, ist jedoch aus vielen Gründen problematisch. An dieser Stelle sei vor allem auf die Beliebigkeit der Kategorie des transhumanistischen (nicht behinderten) Cyborgs verwiesen. Warum sollte ein implantierter passiver RFID-Chip jemanden zum

Cyborg machen, das ständige Mitführen eines Smartphones jedoch nicht, wo doch das System aus Mensch und Smartphone ungleich kompetenter ist als ein System aus Mensch und RFID-Chip (der wohlgemerkt keine Daten vom Träger empfängt und eigentlich nichts weiter als eine Hundemarke ist)? Wenn die Implantation eines RFID-Chips ein Upgrade ist, welches einen zum Roboter macht, ist dann ein gechipter Hund ein upgegradeter Robo-Cyborg-Hund? Diese zugegebenermaßen sehr rhetorischen Fragen zeigen die Unschärfe und Willkürlichkeit des Cyborgs als Selbstzuschreibung im transhumanistischen Diskurs und tragen dazu bei, den Begriff als Marketing-Gag zu entlarven, der in einem kapitalistischen System im Wesentlichen kaufbaren Distinktionsgewinn verspricht.

Der Cyborg im Sinne Haraways (2006) taugt deshalb nicht als identitätsstiftende Kategorie für nicht behinderte Anhänger des Transhumanismus. Der Cyborg ist bestenfalls eine Metapher, Betrachtungsweise oder eine Beschreibung des Menschen im Sinne eines Homo Fabers – eines schaffenden Menschen, der sich seinen Körper ebenso wie seine Identität selber erschafft, zusammensetzt und remixt.

Diskussion

Die bisherigen Erörterungen zeigen, dass sich der Begriff des Cyborgs mit vielen Diskursen in Verbindung bringen lässt. An der Popularität des Begriffs lässt sich zunächst ein sich abzeichnender Paradigmenwechsel in der Technikgeschichte des Menschen ablesen: Bisher hat der Mensch gestalterisch-technisch in seine Umwelt eingegriffen. In Zukunft wird er wahrscheinlich stärker in den Körper eingreifen. Diese sich abzeichnende Verschmelzung von

Mensch und Technologie findet ihren Ausdruck im Begriff des Cyborgs ebenso wie die Überlegung, den Mensch an die Umwelt anzupassen (und nicht anders herum).

Für Menschen mit Behinderung ist der Begriff in seiner derzeitigen stereotypen Konnotation problematisch, da er, wenn er für diese Personengruppe verwendet wird, diese im Zweifelsfall als bedrohlich stereotypisiert. Menschen mit Behinderung sähen sich unter dem Label „Cyborg" – insbesondere, wenn es Ihnen von außen angeheftet wird – mit einem neuen problematischen Stereotyp konfrontiert, das zu mehr Ausgrenzung führen kann als das bisherige paternalistische Stereotyp, das Menschen mit Behinderung als harmlose Menschen, die wenig können, karikiert.

Für Menschen mit Behinderung kann der Begriff „Cyborg" nur dann hilfreich sein, wenn er von ihnen selbst im Haraway'schen Sinne vereinnahmt und auf selbstermächtigende Weise umgedeutet wird. Ein Cyborg ist in diesem umgedeuteten Sinne ein Mensch mit Behinderung, der das Delta zwischen der gesellschaftlichen Norm und dem eigenen vermeintlich defizitären Körper mit kreativer Anpassung der eigenen Identität, des eigenen Körpers und/oder der eigenen Hilfsmittel an die eigene Lebenswirklichkeit nutzt – abseits der gesellschaftlichen Normkörper. Andersartigkeit wird von diesen Cyborgs zelebriert; der Cyborg macht die Andersartigkeit der Menschen mit Behinderung auf eine technisch-kompetent konnotierte Art sichtbar. Die Cyborgs feiern ihre Andersartigkeit und nutzen die technischen Möglichkeiten, um ihre funktionalen Einschränkungen abseits der biologischen und biologistischen Normen von Körperlichkeit auszugleichen. Für den Mensch mit Behinderung ist die Cyborg-Technologie funktionale und psychologische Prothese zugleich, die

Stigma und Beeinträchtigung ausgleicht und/oder infrage stellt.

Für nichtbehinderte Menschen wird die Möglichkeit, den eigenen Körper durch Technologie aufzurüsten, zu einer Möglichkeit, sich selbstwertsteigernd von den nicht enhancten Körpern der Mehrheitsgesellschaft abzugrenzen. Während der Cyborg mit Behinderung die Technologie nutzt, um eine Stigmatisierungs- und Funktionslücke zur Mehrheitsgesellschaft zu schließen bzw. zu *verringern,* nutzt der Cyborg ohne Behinderung dieselben oder ähnliche Strategien, um die psychologische Distanz zwischen sich und den Nicht-Cyborgs zu *vergrößern.* Der technisch modifizierte Körper wird für den nicht behinderten Cyborg, dessen Ausgangszustand die Norm ist, zur Distinktionsmöglichkeit zum Zwecke der Selbstwertsteigerung. Für den Cyborg mit Behinderung, dessen Ausgangslage der abnorme Körper ist, stellt sich dies fundamental anders dar, er hat die Seltenheit seiner Erscheinungsform nicht gewählt, sondern kann sie lediglich umgestalten. Der nichtbehinderte Cyborg hingegen kommt aus der Norm bzw. Häufigkeit und wählt die Seltenheit, um sich abzugrenzen. Cyborgs mit und ohne Behinderung nutzen oberflächlich betrachtet ähnliche Technologien, der Zweck ist jedoch ein anderer: Auf der einen Seite wird Vielfalt bestenfalls zelebriert. Auf der anderen Seite versucht man den eigenen Selbstwert durch eine neue artifizielle Abgrenzung zu den Nicht-Cyborgs zu steigern. So wohnt dem Cyborg eine Dual-Use-Problematik inne: Dieselbe Technik kann, auf unterschiedliche Ausgangsniveaus angewendet, eine inklusivere Gesellschaft befördern oder für mehr gesellschaftliche Exklusion sorgen. Auf diese Weise verkörpert der Cyborg wie kaum ein anderes Wesen die Tatsache, dass Technologie in den seltensten Fällen *per se* nützlich oder schädlich ist; ihr gesellschaftliches Nutzen (im Sinne des Einsatzes) bestimmt ihren gesellschaftlichen Nutzen.

Schlussendlich zeigt die Konnotation des Begriffs des Cyborgs wie ein Gradmesser an, wie es um die gesellschaftliche Nutzung von Technologie am und im Körper bestellt ist. Die Konnotation des Begriffs zeigt, wo wir als Gesellschaft stehen.

Literatur

Allhoff, F., Lin, P., Moor, J., & Weckert, J. (2010). Ethics of human enhancement: 25 questions && answers. *Studies in Ethics, Law, and Technology, 4*(1). https://doi.org/10.2202/1941-6008.1110.

Blaschke, R. (2012). Techno-Doping debate levels the playing field. *Deutsche Welle.* http://www.dw.de/techno-doping-debate-levels-the-playing-field/a-16207304.

Bockman, C. R. (2010). Cybernetic-enhancement technology and the future of disability law. *Iowa Law Review, 95,* 1315–1340.

Clynes, M., & Kline, N. (1960). *Cyborgs and space. Astronautics (September), 26–27,* 74–75.

Cuddy, A. J. C., Fiske, S. T., & Glick, P. (2007). The BIAS map: Behaviors from intergroup affect and stereotypes. *Journal of Personality and Social Psychology, 92,* 631–648. https://doi.org/10.1037/0022-3514.92.4.631.

Cuddy, A. J. C., Fiske, S. T., Kwan, V. S. Y., Glick, P., Demoulin, S., Leyens, J. P., et al. (2009). Stereotype content model across cultures: Towards universal similarities and some differences. *British Journal of Social Psychology, 48,* 1–33. https://doi.org/10.1348/014466608X314935.

Fiske, S. T., Cuddy, A. J. C., & Glick, P. (2007). Universal dimensions of social cognition: Warmth and competence. *Trends in Cognitive Sciences, 11,* 77–83. https://doi.org/10.1016/j.tics.2006.11.005.

Haraway, D. (2006). A cyborg manifesto: Science, technology, and socialist-feminism in the late 20th century. In J. Weiss, J. Nolan, J. Hunsinger, & P. Trifonas (Hrsg.), *The international handbook of virtual learning environments* (S. 117–158). Dordrecht: Springer Netherlands. https://doi.org/10.1007/978-1-4020-3803-7_4.

Holge, L. F. (2005). Enhancement technologies and the body. *Annual Review of Anthropology, 34,* 695–716. https://doi.org/10.1146/annurev.anthro.33.070203.144020.

Hungermann, J. (2014, August). Der schwebende Fall des Weitspringers Markus Rehm. *Welt.* https://www.welt.de/sport/leichtathletik/article131748575/Der-schwebende-Fall-des-Weitspringers-Markus-Rehm.html.

Karpin, I., & Mykitiuk, R. (2008). Going out on a limb: Prosthetics, normalcy and disputing the therapy/enhancement distinction. *Medical Law Review, 16,* 413–436.

Krasavage, N. (2017). A girl and her glitter-shooting prosthetic: "You can do anything." *CNN.* https://www.cnn.com/2017/02/13/health/jordan-reeves-born-just-right-limb-difference-profile/index.html.

Menuz, V., Hurlimann, T., & Godard, B. (2013). Is human enhancement also a personal matter? *Science and Engineering Ethics, 19,* 161–177. https://doi.org/10.1007/s11948-011-9294-y.

Meyer, B., & Asbrock, F. (2018). Disabled or cyborg? How bionics affect stereotypes toward people with physical disabilities. *Frontiers in Psychology, 9*(2251), 1–13. https://doi.org/10.3389/fpsyg.2018.02251.

Tajfel, H., & Turner, J. C. (1986). The social identity theory of intergroup behavior. In S. Worchel & W. G. Austin (Hrsg.), *The social psychology of intergroup relations* (S. 7–24). Chicago: Nelson-Hall.

Prof. Dr. Bertolt Meyer ist Professor für Arbeits-, Organisations- und Wirtschaftspsychologie an der TU Chemnitz. Er ist Mitherausgeber der Fachzeitschriften Frontiers in Psychology und Small Group Research und forscht zur Digitalisierung, zu Diversität und Stereotypen und zur Zukunft der Arbeit. Am Chemnitzer Sonderforschungsbereich „Hybrid Societies" ist er einer der Leiter des Projektes „Stereotyping of Bionic Users". Meyer ist nebenberuflich Markenbotschafter für die Herstellerfirma seiner bionischen Hand; Meyer und seine Forschung sind breit in den Medien rezipiert worden, unter anderem in der Dokumentation „Homo Digitalis" (arte/BR, 2017).

Enno Park studierte nach seiner Ausbildung zum Mediengestalter Wirtschaftsinformatik und war als Software-Entwickler und Unternehmensberater tätig. Nach mehr als 20 Jahren am Rande der Gehörlosigkeit bekam er Cochlea-Implantate und bezeichnet sich deshalb als Cyborg. 2013 war er einer der Gründer des Cyborgs e. V. in Berlin und beschäftigt sich seitdem als Publizist mit Technikphilosophie und Sozioinformatik. In seinen Texten und Vorträgen spürt er den Auswirkungen des digitalen Wandels auf Gesellschaft und Individuen nach bis hin zur Verschmelzung von Mensch und Maschine. In seiner kritischen Auseinandersetzung mit den Denkrichtungen des Post- und Transhumanismus verknüpft er diese mit Konzepten aus Technikethik, Wirtschaftsethik, Disability Studies und Gender Studies. Hierzu veröffentlichte er eine Reihe von Artikeln in verschiedenen Publikumsmedien und hält regelmäßig Vorträge an Hochschulen, auf Fachtagungen und anderen Veranstaltungen. Enno Park in einem Satz: Technik ist die Natur des Menschen.

Verschwörungsdenken an der Schnittstelle von Transhumanismus und Gesundheitswissenschaften

Sina Klaß und Sebastian Bartoschek

Gesundheit und Transhumanismus

Kurze Einleitung in den Themenbereich Gesundheit

Die individuelle Gesundheit eines jeden Menschen zu schützen, aufrechtzuerhalten und/oder wiederherzustellen, ist seit Anbeginn der Menschheit ein wichtiges Bestreben gesundheitswissenschaftlicher, medizinischer

S. Klaß (✉) · S. Bartoschek
Institut für Psychologische Dienstleistungen Dr. Bartoschek, Herne, Deutschland
E-Mail: kontakt@institut-bartoschek.de

S. Bartoschek
E-Mail: kontakt@institut-bartoschek.de

© Der/die Herausgeber bzw. der/die Autor(en), exklusiv lizenziert durch Springer-Verlag GmbH, DE, ein Teil von Springer Nature 2020
M. C. Bauer und L. Deinzer (Hrsg.), *Bessere Menschen? Technische und ethische Fragen in der transhumanistischen Zukunft*, https://doi.org/10.1007/978-3-662-61570-6_2

und pflegerischer Forschung und Praxis. Gesundheit gilt in der heutigen Gesellschaft als eines der höchsten Güter der Menschheit.

Lange Zeit galt ein rein dichotomes Bild von Gesundheit und Krankheit, das nur auf die Abwesenheit von Krankheit und Gebrechen fokussiert und ausgelegt war. Dieser Ansatz zeigt sich heute zum Teil noch im sozialversicherungsrechtlichen Kontext oder in biomedizinischen Sichtweisen.

> **Übersicht**
> **Funktionalistischer Gesundheitsbegriff (nach Talcott Parsons 1967):** Zustand optimaler Leistungsfähigkeit eines Individuums für die Erfüllung der Rollen und Aufgaben, für die es sozialisiert worden ist.
> **Sozialrechtlicher Krankheitsbegriff (Bundessozialgericht 1972):** Krankheit als ein regelwidriger, körperlicher, geistiger und seelischer Zustand, der entweder Arbeitsunfähigkeit oder eine Behandlung oder aber auch beides zusammen notwendig macht (BSG, SozR 4-2500 § 27 Nr. 20 Rdnr. 10).

Aus moderner Sicht sind Menschen nicht länger nur krank oder gesund, sondern pendeln zwischen diesen beiden Polen in unterschiedlichen Spektren und befinden sich in einem stetigen Prozess der Gesunderhaltung (Anotonvsky 1997). Gesundheit ist nicht mehr nur ein Zustand, sondern ein aktiver Gestaltungsprozess, in dem vor allem unterschiedliche Konzepte und Ressourcen zur Handlungsbefähigung im Kontext der eigenen Gesundheit greifen können. Eine wichtige Komponente stellt hierbei die Selbstwirksamkeit dar: Unter Selbstwirksamkeit wird der Wunsch des Menschen verstanden, sein

Leben selbst zu kontrollieren und die Ursachen beeinflussen zu können, die zu seinen Lebensumständen führen (Bandura et al. 1999) – in vorliegendem Artikel auf den Bereich der individuellen Gesundheit fokussiert. Eben jene Selbstwirksamkeit findet sich in vielen gesundheitstheoretischen Modellen in unterschiedlichen Ausprägungen und Unterteilungen wieder und stellt häufig eine relevante Stellschraube für gesundheitsförderliche Handlungsansätze dar.

Zusammengefasst meint der Begriff der Gesundheit das völlige körperliche, geistige und soziale Wohlbefinden (erstmals in WHO 1946). Das Bild von Gesundheit ist vielfältiger, aber auch komplexer geworden. Es verkörpert ein Idealbild von Gesundheit und bietet hierdurch mehr Handlungsansätze zur Prävention, Gesundheitsförderung und Krankheitsbewältigung als es funktionalistisch dichotome Denkansätze ermöglichen.

Prävention und Gesundheitsförderung: Prävention bedeutet, dass Gesundheitsschäden durch gefährdende Faktoren, Belastungen und vor allem durch personengebundene Risiken vermieden oder verringert werden, besonders rücken hier Risikogruppen in den Fokus des Präventionsinteresses. Ziel ist immer zu verhindern, dass eine Krankheit oder eine Gesundheitsstörung sich verschlimmert, Folgestörungen, z. B. im sozialen und psychischen Bereich, auftreten und somit Folgekrankheiten daraus resultieren. Somit ist die Prävention klar abzugrenzen von der Gesundheitsförderung, die sich nicht nur an Risiko-, sondern an alle Bevölkerungsgruppen richtet und bestrebt ist, die persönliche und soziale Gesundheitskompetenz zu fördern (vgl. Hurrelmann et al. 2012). Besonders seit der Einführung der Ottawa-Charta im Jahr 1987 ist die Gesundheitsförderung ein relevantes internationales Gesundheitsziel der WHO.

Gesundheitliche Aspekte des Transhumanismus

Betrachtet man die wissenschaftlichen Errungenschaften, die im Gesundheitssektor heutzutage bereits existieren, lassen sich Einige im Kontext transhumanistischer Denkansätze verstehen.

Errungenschaften, die unsere Gesundheit erhalten, verbessern und auch mitunter präventiv bei Risikogruppen greifen, gibt es heute im alltäglichen Leben bereits sehr häufig. Diese werden aber zum Teil zunächst gar nicht dem transhumanistischen Gedankengut zugeordnet. So besitzen bspw. viele Menschen sogenannte Aktivitäts-Tracker, die mittlerweile nicht mehr nur unsere Schritte zählen, die wir am Tag zurücklegen, sondern auch unseren Puls, die Schlafqualität und weitere Faktoren messen und analysieren. Die erhobenen Daten werden dann an Fitness-Apps auf Smartphones oder Tabletts weitergeleitet und geben uns ein Gesamtbild der eigenen gesundheitlichen Situation. Gerade in diesem Bereich geschehen Weiterentwicklungen rasant: So gibt es seit Neuestem Smartwatches, die gehörschädigende Lautstärke und Stürze erkennen und nicht nur den Blutfluss, sondern auch die Sauerstoffsättigung im Blut messen und somit zum Beispiel vor Schlafapnoen warnen (Schumacher 2020).

Auch autonome Fahrsysteme, die z. B. über Sensoren im Lenkrad und Sitz den Puls und die Atemfrequenz messen, dem Fahrer eine Rückmeldung über sein Befinden geben und somit beispielsweise bei erkannten Herzrhythmusstörungen das Bremssystem betätigen, sind heute keine Science-Fiction mehr, sondern Gegenstand diverser Forschungsbereiche und weiterer Bestrebungen in der Autoindustrie.

Entwicklungen, die Krankheit, Behinderung und/ oder Pflegebedürftigkeit mildern oder überwinden sollen, gibt es ebenfalls in geraumen Mengen: Darunter fällt zunächst die Forschung zum Thema Nanoroboter, die sich innerhalb des Flüssigkeitssystems des menschlichen Körpers bewegen können und somit z. B. gezielt Tumore bekämpfen sollen. Ein erster Durchbruch ist hierbei Wissenschaftlern gelungen, die einen speziell beschichteten Nanopropeller durch den Glaskörper eines Auges gesteuert haben (Wu et al. 2018). In diesen Bereich fällt auch die Implementierung von Insulinpumpen für Diabetiker oder Herzschrittmachern, wobei dies mitunter als so alltäglich wahrgenommen wird, dass die Verbindung zum Transhumanismus oftmals nicht bewusst wird.

Auch Chip-Implantate bei neurologisch degenerativen Erkrankungen wie beispielsweise Morbus Parkinson (Weiß et al. 2015) sowie Cochlea-Implantate bei Hörbeeinträchtigen oder immer besser konstruierte Prothesen diverser Körperteile, die Menschen von Geburt an fehlen oder die durch Unfälle amputiert wurden, zeigen, wie sehr sich der Gesundheitssektor im Bezug zu transhumanistischem Bestreben im Bereich der Krankheitsbewältigung ausbaut bzw. verstanden werden kann (zur allgemeinen Übersicht: Fiedeler 2008).

Hierzu zählt auch der Einsatz Künstlicher Intelligenz, z. B. im Rahmen von Pflegerobotern, die die Versorgung Pflegebedürftiger qualitativ deutlich verbessern sollen (Scoglio et al. 2019).

Einen weiteren transhumanistischen Entwicklungsbereich stellt das Gesamtforschungsgebiet des Neuro-Enhancement (Galert et al. 2009) dar, das vor allem auf die Verbesserung der Leistungsfähigkeit des Menschen im Hinblick auf dessen kognitive Möglichkeiten fokussiert: Das umgangssprachlich als Gehirndoping verunglimpfte Phänomen

nimmt immer größere Ausmaße an. Gerade in diesem
Bereich zeigt sich sehr deutlich auch der Rückbezug auf
den funktionalistischen Krankheitsbegriff: Es geht hier
nicht mehr nur um reine Gesundheitsförderung und/
oder Prävention, sondern darum, den Menschen zu modifizieren und zu deutlich mehr Leistung anzutreiben – ihn in
gewisser Weise zu überwinden.

Noch deutlicher wird benannte Überwindung des
Menschseins bei allen Entwicklungen im Gesundheitswesen, die sich mit den Möglichkeiten, den Tod als
solchen zu überwältigen, beschäftigen:

Hier sei die Gentechnik genannt, die nicht mehr nur
darauf fokussiert, bereits bestehende Erkrankungen zu
dezimieren oder Erkrankungsanzeichen im Voraus zu
erkennen und zu bekämpfen, sondern auch auf jegliche
Bestrebungen, die mit der Erneuerung alter Organe oder
der Bekämpfung natürlicher Abbau- und Sterbensprozesse
im Körper zusammenhängen. In dieses Gebiet fällt auch
die sogenannten Kryonik, die sich mit der Konservierung
von Organen beschäftigt (Groß et al. 2011).

In der Gesamtbetrachtung der vorgenannten Ansätze,
die man transhumanistischem Denken zuordnen kann,
liegt die Hypothese nicht fern, der Transhumanismus
sei letztendlich auch und vor allem ein gesundheits-
theoretisches Konzept. Umso erstaunlicher ist, dass gerade
gesundheits- und pflegewissenschaftliche Fachbereiche sich
diesem Themenkomplex bisher eher rudimentär widmen.
Die meisten Forschungsbestreben und wissenschaftlichen
Errungenschaften entspringen in eben jenem Bereich
medizinischer oder anderweitiger Forschung.

Auch ein diskursiver Ansatz zu Chancen, Grenzen,
Herausforderungen und möglichen Risiken transhumanistischer Bestreben fehlt entweder gänzlich oder
wird im Rahmen von Technologisierungs-/Digitalisierungs-
debatten eher am Rande der Gesundheitswissenschaften

und ihres Teilgebietes, der Pflegewissenschaft, geführt, obwohl gerade diese Wissenschaftsbereiche einen erheblichen Einfluss auch auf die gesamtgesellschaftliche Debatte in Bezug zu Gesundheit/Pflege und Transhumanismus haben könnten und auch sollten. Dieser Aspekt wird im späteren Abschnitt zum Thema Verschwörungstheorien und gesundheitliche Aspekte des Transhumanismus noch einmal hervorgehoben und diskutiert.

Gesundheit und Verschwörungstheorien

Kurze Einleitung in den Themenbereich der Verschwörungstheorien

Unter einer „Verschwörungstheorie" wird jeder Versuch verstanden, ein Ereignis, einen Verlauf, oder einen Zustand durch das zielgerichtete heimliche Wirken einer Gruppe von Personen zu erklären, wobei eine Gruppe immer mindestens zwei Personen umfasst.

Zudem erleben Verschwörungstheoretiker als Anhänger einer spezifischen Verschwörungstheorie, das vermutete heimliche Handeln der Gruppe als illegal oder illegitim. Sie gehen dabei von einer Einwilligung der Protagonisten zur Verschwörung aus.

Der Glauben an eine Verschwörungstheorie ist dabei nicht – wie häufig explizit, noch häufiger aber implizit unterstellt – Ausdruck einer klinischen Störung des jeweiligen Verschwörungstheoretikers. Verschwörungstheoretiker sind nicht krank, gleichwohl es psychische Krankheiten gibt, die einen Verschwörungsglauben beinhalten. Bezieht man diesen Gedankengang auf das Bild von einem Hund und einem Dackel, stellt sich dies wie folgt dar: Jeder Dackel ist ein Hund, aber nicht jeder

Hund ist ein Dackel. Störungs-/Krankheitsbilder, die den Glauben an eine Verschwörung beinhalten, sind beispielsweise die paranoide Schizophrenie oder die Paranoia als Wahn, in Teilen auch die narzisstische Persönlichkeitsstörung mit ihrem starken Freund-/Feind-Denken. Die meisten dieser Störungen gehen jedoch mit starken weiteren Symptomen aus dem Bereich der Beeinträchtigung des formallogischen Denkens, der Wahrnehmung oder der Informationsverarbeitung einher.

Der Glaube an und erst recht das Kennen von Verschwörungstheorien ist eben kein Randgruppenphänomen, sondern nähert sich einer Normalverteilung an (Bartoschek 2017). Dies beinhaltet, dass jeder Mensch in einem durchschnittlichen Ausmaß an Verschwörungstheorien glaubt und die Extrempole des völligen Nichtglaubens an Verschwörungstheorien sowie des Glaubens an sehr viele solcher Theorien eher sehr gering ausgeprägt sind.

Das allgemeine Mustererkennungssystem des Menschen begünstigt dabei eben jenen Glauben. Der Mensch ist als Spezies gut darin, Strukturen zwischen Einzelereignissen zu finden, jedoch auch mitunter an Stellen, wo es eben keine Strukturen oder Zusammenhänge gibt. Der Verschwörungsglauben ist dabei zunächst einmal ein Mechanismus, um inkonsistent erscheinende Einzelbeobachtungen sinnhaft in ein großes Ganzes zu integrieren. Betrachtet man bspw. einmal die Landung auf dem Mond und das vermeintliche Flattern der eingeschlagenen US-Flagge, so mag man sich womöglich fragen, wie sich diese Bewegung der Fahne in einer Umgebung ohne Atmosphäre und somit ohne Wind erklärt. Geht man nun davon aus, dass die gesamte Mondlandung gefälscht war und in Wirklichkeit auf der Erde gedreht wurde, so erklärt sich die wahrgenommene Inkonsistenz sinnhaft. Allerdings braucht es dafür nun eine ausgedehnte

Verschwörung mit Vertuschungsmechanismen, die wiederum viele weitere Nebenannahmen notwendig machen. Die Wahrheit hinter der Fahnenbewegung ist übrigens, dass die Fahne eben nicht aus Stoff ist und auch nicht im Wind weht, sondern dass sie aus einem aluminiumähnlichen Material besteht und gezielt so konstruiert wurde, dass beim Einschlagen in den Mondboden der Eindruck des Wehens aufgrund des Nachschwingens im luftleeren Raum entsteht. Es zeigt sich hier, wie mitunter falsche Grundannahmen das Erkennen vermeintlicher Muster begünstigen. Dabei wurde hier als Beispiel bewusst eine grundsätzlich eher „unpolitische" Verschwörungstheorie gewählt – es ist ein Leichtes, sich klarzumachen, dass radikale politische Grundhaltungen den Glauben an Verschwörungstheorien begünstigen (Bartoschek 2017).

Verschwörungstheoretische Ansätze im Gesundheitsbereich

Gerade der Gesundheitssektor scheint nun einen Bereich darzustellen, in dem pseudowissenschaftliche und auch verschwörungstheoretische Ansätze auf einen nährhaften Boden treffen.

Ein Grund hierfür kann ein individuelles psychologisches Momentum sein, das nach einschlägiger Forschung den Glauben an Verschwörungstheorien begünstigt. Hierbei handelt es sich um die bereits oben dargestellte Selbstwirksamkeit, genauer, das Streben nach derselben (Kossowka und Bukowski 2015).

Der wahrgenommene Verlust dieser Selbstwirksamkeit ist bei einschneidenden negativen Erlebnissen am größten. Darunter finden sich solche Ereignisse, die die Lebensgrundlagen eines Menschen betreffen, sei es in finanzieller oder eben in gesundheitlicher Sicht. Konkret sind dabei Ereignisse wie der Arbeitsplatzverlust, Konkurse oder schwere, plötzlich auftretende schwere Krankheiten (z. B. Krebserkrankungen) gemeint. Die inhaltliche Nähe zwischen letzteren Ereignissen und dem Gesundheits- und Pflegebereich ist augenscheinlich: Es gibt eben viele Verschwörungstheorien, die hinter dem Entstehen oder Bestehen von Krankheiten das Wirken einer Verschwörung vermuten. Beispielhaft sei hier die Verschwörungstheorie genannt, nach der HIV/AIDS als gezielte „Waffe" gegen Überbevölkerung seitens der US-amerikanischen Regierung erfunden wurde, oder, dass Krebserkrankungen Ausdruck einer „jüdischen Schulmedizin" sind, die letztlich darauf aus ist, Profit zu maximieren und eben nicht dem einzelnen Menschen zu helfen, sondern ihn krank zu machen/zu halten. Letzteres bietet starke Anknüpfungspunkte zu rechtsextremen und antisemitischen Milieus, so in der sog. „Germanischen Neuen Medizin" nach Ryke Geerd Hamer.

Verkürzt gesprochen, führen subjektive Probleme im Gesundheitsbereich zu einer ebenso subjektiven Herabsetzung der wahrgenommenen Selbstwirksamkeit. Diese wiederum begünstigt den Glauben an Verschwörungstheorien, die, mit Blick auf die Quelle des Selbstwirksamkeitsverlustes, auch und gerade im Bereich des Transhumanismus angesiedelt sind.

Die aktuell bekanntesten Verschwörungstheorien mit gesundheitlichem Bezug sind dabei zum einen Impfgegner, deren massive Ablehnung von Impfkampagnen auf einem Verschwörungsglauben bezüglich der Pharmaindustrie beruht, sowie sog. „Chemtrail-Gläubige", die in den von ihnen gesehenen Chemtrails, eigentlich Flugzeugkondensstreifen, nicht nur die gezielte Veränderung klimatischer Aspekte durch diverse Staaten sehen, sondern auch eine bewusste Beeinflussung der Gesundheit und der Gemütslage/des Wohlbefindens der Bürger vermuten (Bartoschek 2018).

Verschwörungstheorien und gesundheitliche Aspekte des Transhumanismus

Mit Blick auf den Transhumanismus und seine enge Verzahnung zu gesundheitlichen/pflegerischen Themen kann zwischen einem internen und einem externen Diskurs unterschieden werden, der jeweils Anknüpfungsmöglichkeiten zum verschwörungstheoretischen Denken ermöglicht.

Der interne Diskurs meint dabei den Umstand, dass Transhumanisten selbst mitunter einem dichotomen oder klassischen Krankheitsbegriff anhängen, in dem Gesundheit als die Abwesenheit oder Überwindung von Krankheiten oder Gebrechen bezeichnet wird. Werden von dieser Seite aus nun transhumanistische Lösungsansätze für diese Gebrechen und Krankheiten hervorgebracht, so kann Widerstand gegen diese Ansätze von Transhumanisten leicht und mitunter fälschlich als Ausdruck des Glaubens an eine Verschwörungstheorie interpretiert werden. In gewisser Weise ist diese Zuordnung der Transhumanisten dann auch Ausdruck einer kritikimmunisierenden Strategie, mit der die positive Binnensicht auf die eigenen transhumanistischen Denkmodelle aufrechterhalten werden kann.

Demgegenüber bezeichnet der externe Diskurs die Außensicht auf den (vermeintlichen) internen Diskurs von Transhumanisten. In den Sozialen Medien, und im Internet allgemein, dominiert dieser Diskurs über den internen Diskurs, wobei Letzterer eher ein zumeist philosophisch-wissenschaftlicher Expertendiskurs ist, der primär außerhalb der Sozialen Medien stattfindet.

Im externen Diskurs wird den Transhumanisten unterstellt, selbst Teil einer Verschwörung zu sein, deren Ziel bspw. die Beseitigung des Menschen als solchen bzw. der Übergang zu einer anderen Art des Menschen und somit der Menschheit ist. Dies ist eng verknüpft mit Ängsten, die damit zu tun haben, wie es um die eigene Gesundheit bestellt ist bzw. welchen (negativen) Status man zukünftig durch das Vorliegen eigener Krankheiten und Gebrechen haben würde. Eine weitere Angst bezieht sich auf den transhumanistischen Menschen selbst – so konnte gezeigt werden, dass Menschen mit Behinderungen mit einer bionischen Ersetzung eines Körperteils zwar als kompetenter, aber auch als emotional kälter wahrgenommen werden (Meyer und Asbrock 2018). Dies kann Ausdruck einer Änderung von Stereotypen sein, was wiederum ein Mehr an individuell empfundener Angst gegenüber transhumanistischen Entwicklungen mit sich bringen kann.

Dabei werden die bereits bestehenden Möglichkeiten überschätzt, welche heute transhumanistische Wirklichkeit sein könnten. (Dies betrifft im Übrigen nicht nur den externen Diskurs, sondern findet sich als Motiv auch im Rahmen des internen Diskurses zumindest in Teilen dann wieder, wenn dieser als technologischer Elitendiskurs geführt wird (Schnetzker 2019).) Popkulturell erhält ein solches Verschwörungsdenken Ausdruck in Filmen oder Romanen, so bspw. Dan Browns Erfolgsroman *Origin*: In diesem ist ein Transhumanist der Hauptprotagonist, der durch eine von ihm erschaffene Künstliche Intelligenz ermordet wird, um dem Umstand, dass die Menschheit als Spezies aufgrund transhumanistischer Fortschritte bis 2050 aussterben bzw. in eine neue Spezies evolvieren wird, eine größere Aufmerksamkeit zu verschaffen. Das Thema des Schutzes der (zukünftigen) Selbstwirksamkeit des Menschen als solches gegenüber von ihm erschaffener Intelligenz ist hier augenscheinlich.

Vergegenwärtigt man sich diese beiden Diskurse, so wird offenbar, dass das verschwörungstheoretische Denken derzeit durch Form und Art des Transhumanismus, der damit verknüpften Debatten und der sich (teils zu Unrecht) ergebenen Narrative, die die aktuellen Möglichkeiten des Transhumanismus gerade auch im Bereich der Gesundheit und der Pflege systematisch überschätzen, gefördert wird.

Es stellt sich somit die Frage, welche Schritte unternommen werden können, um den Transhumanismus und seine Diskurse eben jenem verschwörungstheoretischen Denken zu entziehen, und einer sachlicheren, weniger emotionalen Debatte zuzuführen.

Handlungsansätze mit Blick auf verschwörungstheoretische Überzeugungen im und um den Transhumanismus

Der erste wichtige Schritt, den Diskurs um transhumanistische Entwicklungen im Gesundheitssektor von verschwörungstheoretischen Aspekten zu lösen, kann nur in der Stärkung der Gesundheitskompetenz jedes einzelnen Menschen liegen. Gesundheitskompetenz meint hierbei das Wissen, die Motivation und die Kompetenzen des einzelnen Individuums, gesundheitsrelevante Informationen zu finden, zu verstehen, zu beurteilen und anzuwenden, um zu einer informierten Entscheidungsfindung hinsichtlich gesundheitsrelevanter Themen zu kommen (Sørenson et al. 2012). Hierunter

fallen dann vor allem auch vor dem Hintergrund ver-
schwörungstheoretischer Denkansätze das gezielte
und kritische Recherchieren tatsächlicher Fakten und
das Erkennen und Unterscheiden von Fehl- und Des-
informationen, deren Aufdeckung auch das Erkennen von
Verschwörungstheorien vereinfacht. Durch die Stärkung
der Gesundheitskompetenz sollte erwartbar das Ausmaß
der subjektiven Selbstwirksamkeit erhöht werden. Der
informierte und sich kompetent erlebende Mensch/Patient
sieht sich dann im stärkeren Ausmaß für das verantwortlich, was ihm im Bereich der Gesundheit geschieht und
würde dann (transhumanistische) medizinische Errungenschaften positiver bewerten. Durch das somit eigene
positive Erleben dieser Technologien wird auch der Anreiz
verkleinert, diese als bedrohlich wahrzunehmen.

Zudem sollten transhumanistische Denkansätze deutlich mehr im gesundheits- und pflegewissenschaftlichen
Kontext diskutiert und generell in diesen wissenschaftlichen Gebieten mehr Debatten geführt werden. Dies
beinhaltet zwei Aspekte: Zum einen wird dadurch die
interne, diskursive Basis verbreitert. Der interne Diskurs wird von einem Diskurs technologischer Eliten in
Selbstüberschätzung hin zu einem Diskurs erweitert, der
eine immer größere Interdisziplinarität aufweisen würde.
Somit wären auch die Erfahrungen derjenigen Disziplinen
beinhaltet, die unmittelbar mit betroffenen Menschen in
Kontakt stehen.

Zum anderen kann insbesondere letztere Schnittstelle
zwischen Transhumanismus und dem Gesundheitssektor
dabei helfen, den internen Diskurs in seiner realen, nicht
vermuteten Richtung den bisher wenig informierten
Menschen/Patienten nahezubringen, und dies in einer
Sprache, die von der Zielgruppe auch verstanden wird.

Die transhumanistische Bewegung an sich sollte
sich mit den aufgeworfenen Fragen zu Gesundheit und

Verschwörungstheorien auseinandersetzen und auch ein realistisches und nachvollziehbares Bild der Bewegung in die Gesellschaft bringen. Dabei sollte stets die (mögliche) Angst der Menschen vor transhumanistischen Ideen im Fokus stehen. Dies sollte insbesondere der Aufhebung von Missverständnissen und Fehldeutungen des externen Diskurses dienen, der dann einen realitätsbasierten Abgleich und eine Deemotionalisierung in Form einer Reduktion von Ängsten erfahren könnte.

Als sicher darf gelten, dass transhumanistische Ideen und Entwicklungen auf dem Vormarsch sind. Sie haben eine enge Verzahnung zum Bereich der Gesundheitswissenschaften, insofern sie meist auf eine Verbesserung der Lebensumstände des Menschen, auch und gerade im Kontext von Krankheiten und Gebrechen, gerichtet sind. In diesem Kontext entstehen verschwörungstheoretische Überlegungen, was durch den Gegenstand des Transhumanismus, die Verbesserung des Menschen als solchen, begünstigt wird. Eine aufgeklärte und zukunftsorientierte Debatte sollte nun dabei helfen, den notwendigen Diskurs zu versachlichen und ihn aus dem Fahrwasser diffuser sowie konkreter Ängste zu lösen.

Literatur

Antonovsky, A. (1997). *Salutogenese. Zur Entmystifizierung der Gesundheit.* Tübingen: dgvt.

Bandura, A., Freeman, W. H., & Lightsey, R. (1999). Self-efficacy: The exercise of control. *Journal of Cognitive Psychotherap, 13*(2), 158–166.

Bartoschek, S. (2017). *Bekanntheit von und Zustimmung zu Verschwörungstheorien eine empirische Grundlagenarbeit.* Hannover: Jmb.

Bartoschek, S. (2018). Verschwörungstheorien im Internet. In H. Reinalter (Hrsg.), *Handbuch der Verschwörungstheorien* (S. 313–318). Leipzig: Salier.

Fiedeler, U. (2008). *Stand der Technik neuronaler Implantate.* Forschungszentrum Karlsruhe in der Helmholtz-Gemeinschaft. Wissenschaftliche Berichte FZKA 7387. http://www.itas.kit.edu/pub/v/2008/fied08a.pdf. Zugegriffen: 26. Jan. 2020.

Galert, T., Bublitz, J. C., Heuser, I., Merkel, R., Repantis, D., Schöne-Seifert, B., & Talbot, D. (2009). Das optimierte Gehirn. Ein Memorandum zu Chancen und Risiken des Neuroenhancements. *Gehirn & Geist, 11,* 40–48.

Groß, D., Tag, B., & Schweikardt, C. (Hrsg.). (2011). *Who wants to live forever? Postmoderne Formen des Weiterwirkens nach dem Tod.* Campus: Frankfurt a. M.

Hurrelmann, K., Laaser, U., & Richter, M. (2012). Gesundheitsförderung und Krankheitsprävention. In K. Hurrelmann & O. Razum (Hrsg.), *Handbuch Gesundheitswissenschaften* (5. Aufl., S. 661–692). Weinheim: Juventa.

Kossowka, M., & Bukowski, M. (2015). Motivated roots of conspiracies: The role of certainty and control motives in conspiracy thinking. In M. Bilewicz, A. Cichocka, & W. Soral (Hrsg.), *The psychology of conspirancy: A festschrift for mirosław kofta* (S. 145–161). London: Routledge.

Meyer, B, & Asbrock, F. (2018). Disabled or cyborg? How bionics affect stereotypes toward people with physical disabilities. *Frontiers in Psychology, 9.* https://doi.org/10.3389/fpsyg.2018.02251.

Parsons, T. (1967). Definition von Gesundheit und Krankheit im Lichte der Wertbegriffe und der sozialen Struktur Amerikas. In A. Mitscherlich, T. Brocher, O. von Mering, & K. Horn (Hrsg.), *Der Kranke in der modernen Gesellschaft* (S. 57–87). Köln: Kiepenheuer & Witsch.

Schnetker, M. F. J. (2019). *Transhumanistische Mythologie: Rechte Utopien einer technologischen Erlösung durch künstliche Intelligenz.* Münster: Unrast.

Schumacher, F. (19. Januar 2020). Die Digital-Health-Trends für 2020. *heise online*. https://www.heise.de/newsticker/meldung/Die-Digital-Health-Trends-fuer-2020-4641550.html. Zugegriffen: 26. Jan. 2020.

Scoglio, A. A., Reilly, E. D., Gorman, J. A., & Drebing, C. E. (2019). Use of social robots in mental health and well-being research: Systematic review. *Journal of Medical Internet Research, 21*(7). https://doi.org/10.2196/13322.

Sørensen, K., Van den Broucke, S., Fullam, J., Doyle, G., Pelikan, J., Slonska, Z., & Brand, H. (2012). Health literacy and public health: A systematic review and integration of definitions and models. *BMC Public Health, 12*(80), 1–13. https://doi.org/10.1186/1471-2458-12-80.

Weiss, D., Klotz, R., Govindan, R. B., Scholten, M., Naros, G., Ramos-Murguialday, A., Bunjes, F., Meisner, C., Plewnia, C., Krüger, R., & Gharabaghi, A. (2015). Subthalamic stimulation modulates cortical motor network activity and synchronization in parkinson's disease. *Brain. A Journal of Neurology, 138*(3), 679–693. https://doi.org/10.1093/brain/awu380.

WHO. (1946). Verfassung der Weltgesundheitsorganisation. https://www.admin.ch/opc/de/classified-compilation/19460131/201405080000/0.810.1.pdf. Zugegriffen: 26. Jan. 2020.

WHO. (1986). Ottawa-Charta zur Gesundheitsförderung. WHO-autorisierte Übersetzung von Hildebrandt & Kickbusch auf der Basis von Entwürfen aus der DDR und von Badura sowie Milz. http://www.euro.who.int/__data/assets/pdf_file/0006/129534/Ottawa_Charter_G.pdf. Zugegriffen: 26. Jan. 2020.

Wu, Z., Troll, J., Jeong, H.-H., Wei, Q., Stang, M., Ziemessen, F., Wang, Z., Dong, M., Schnichels, S., Qiu, T., & Fischer, P. (2018). A swarm of slippery micropropellers penetrates the vitreous body of the eye. *Science Advances, 4*(11). https://doi.org/10.1126/sciadv.aat4388.

M.Sc. Sina Klaß ist examinierte Gesundheits- und Krankenpflegerin. Ihren Bachelor machte sie in Pflegewissenschaft an der Evangelischen Fachhochschule RWL in Bochum, bevor sie ihren Master of Sciene in Public Health an der Universität Bielefeld verliehen bekam. Ihr Forschungsschwerpunkt im Masterstudiengang lag dabei auf der Thematik der Gesundheitskompetenz (Health Literacy) im Zusammenhang mit Patienten und professionell Pflegenden im Bereich des akutstationären Settings. Derzeit arbeitet sie als Assistenz der Geschäftsführung im Institut Dr. Bartoschek.

Dr. Sebastian Bartoschek hat seinen Lebensmittelpunkt im Ruhrgebiet. Der promovierte Diplom-Psychologe und freie Journalist ist ein Experte für Verschwörungstheorien und außerdem in den Boulevardmedien und Skeptiker-Kreisen zu Hause. Egal ob als Psychologe oder Journalist – er lässt sein Gegenüber zu Wort kommen, um wirklich zu verstehen, wie der Andere fühlt und denkt. Als Psychologe hat er langjährige praktische Erfahrung in der Kinder- und Jugendhilfe. Seine Texte erscheinen Online (Ruhrbarone, Salonkolumnisten) aber auch im Print (Jungle World). Bartoschek ist zudem Teil verschiedener Podcastproduktionen (Psychotalk, Bartocast).

Das Verschmelzen von menschlicher und maschineller Moral

Oliver Bendel

Einleitung

Die Maschinenethik bringt moralische Maschinen hervor und erforscht sie. Man gibt ihnen moralische Regeln vor, an die sie sich halten, oder lässt sie solche entwickeln und abändern. Das Vorbild war bisher meistens der Mensch. Allein von ihm sind moralische Fähigkeiten bekannt, und es liegt nahe, sie zu kopieren. Selbst wenn die Maschine diese modifizieren kann, dann tut sie das doch im Rahmen des Bekannten und Bewährten. Dennoch ist es möglich, eine abweichende Moral zu implementieren, etwa in

O. Bendel (✉)
Institut für Wirtschaftsinformatik, Hochschule für
Wirtschaft FHNW, Windisch, Schweiz
E-Mail: oliver.bendel@fhnw.ch

© Der/die Herausgeber bzw. der/die Autor(en),   **41**
exklusiv lizenziert durch Springer-Verlag GmbH, DE,
ein Teil von Springer Nature 2020
M. C. Bauer und L. Deinzer (Hrsg.), *Bessere Menschen?*
Technische und ethische Fragen in der transhumanistischen Zukunft,
https://doi.org/10.1007/978-3-662-61570-6_3

Form einer Münchhausen-Maschine, die in ihrem Einsatz auf einer Website – als Beraterin oder Verkäuferin – im Widerspruch zu den Gepflogenheiten in allen Gesellschaften stünde (Bendel 2019b). Eine Supermoral ist (wie die Superintelligenz) vielleicht möglich, aber im Moment nicht in Sicht.

Im Mittelpunkt des vorliegenden Beitrags steht der Cyborg, der nicht mit einer beliebigen Informationstechnologie, sondern mit einer moralischen Maschine verschmilzt. Verbessert sich unsere Moral dadurch oder verlieren wir diese in gewisser Hinsicht? Auch Tiere wie Katzen und Hunde könnten mit einer moralischen Maschine verbunden werden. Streifen sie dadurch ihre allenfalls vorhandene Vormoral ab und werden sie zu moralischen Subjekten? Ein zukünftiges Konzept könnte der umgekehrte Cyborg sein. Wie entfaltet sich in diesem die Moral? Entsteht ein moralisch neuartiger Mensch oder eine neuartige moralische Maschine?

Dieser Beitrag erklärt zunächst relevante Grundbegriffe. Dann wählt er Artefakte der Maschinenethik aus, um die Disziplin anschaulich und verständlich zu machen. Am Ende stellt er mehr oder weniger spekulative Fragen der genannten Art und versucht sich an ersten Antworten. Dabei geht er strikt vom Status quo aus bzw. kennzeichnet das, was darüber hinausgeht, in eindeutiger Weise.

Grundbegriffe

Maschinenethik, Robotik und Künstliche Intelligenz

Die Maschinenethik hat die Moral von Maschinen zum Gegenstand, vor allem von (teil-)autonomen Systemen wie

Softwareagenten, bestimmten Servicerobotern und selbstständig fahrenden Autos (Bendel 2019b). Aus ihrer Sicht und mit ihrer Hilfe werden Maschinen zu neuartigen, fremdartigen, merkwürdigen Subjekten der Moral, zu sicht- und erlebbaren Artefakten, von denen Aktionen mit moralischen Implikationen ausgehen. Ob die Maschinen daneben Objekte der Moral sind, ob sie z. B. gewisse Rechte haben, ähnlich wie Tiere, versucht man seit der Mitte des 20. Jahrhunderts zu klären, innerhalb der Künstlichen Intelligenz (KI) bzw. der Robotik – oder in der Disziplin der Roboterethik, die zwar als Teilgebiet der Maschinenethik verstanden werden kann, vor allem aber auf die Verwendungsweisen und deren Auswirkungen sowie den Status der Roboter in moralischer Hinsicht zielt (Moor 1979; Snapper 1985).

Zu den Partnerinnen der Maschinenethik zählen Robotik und KI, zudem die Informatik im weiteren Sinne und die Elektrotechnik (Bendel 2019b). Die Robotik beschäftigt sich mit dem Entwurf, der Gestaltung, der Steuerung, der Produktion und dem Betrieb von Robotern, z. B. von Industrie- oder Servicerobotern. Der Begriff „Künstliche Intelligenz" (engl. *artificial intelligence,* kurz *AI*) steht für einen eigenen wissenschaftlichen Bereich der Informatik, der sich mit dem menschlichen (selten tierischen) Denk-, Entscheidungs- und Problemlösungsverhalten beschäftigt, um dieses durch computergestützte Verfahren ab- und nachbilden zu können. Zur Wirtschaftsinformatik sind ebenfalls Bezüge vorhanden: Maschinenethik bringt wie sie Artefakte hervor und verwendet wie sie Modellierungssprachen und Diagrammformen.

Abbildung 1 vergleicht Maschinenethik und Künstliche Intelligenz. Maschinenethik erzeugt und erforscht demnach maschinelle Moral. Im Fall einer schwachen Maschinenethik repräsentiert oder simuliert die

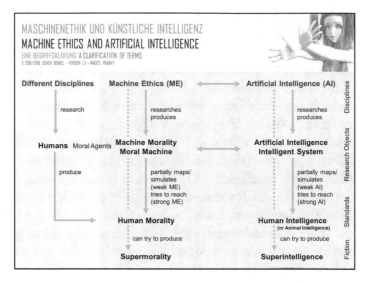

Abb. 1 Maschinenethik und Künstliche Intelligenz nach (Bendel 2019c, S. 17)

maschinelle Moral bestimmte Aspekte der menschlichen Moral. Künstliche Intelligenz in ihrer schwachen Form erzeugt künstliche Intelligenz, die bestimmte Aspekte der menschlichen oder tierischen Intelligenz repräsentiert oder simuliert. Die beiden Disziplinen bringen also maschinelle Moral bzw. künstliche Intelligenz hervor. Eventuell sind auch eine Supermoral *(supermorality)* und eine Super-intelligenz *(superintelligence;* Bostrom 2014) möglich, die stark vom menschlichen Vorbild abweichen.

Human und Animal Enhancement, Bio- und Bodyhacking und Cyborgs

Human Enhancement (engl. *enhancement,* dtsch. „Ver-besserung" oder „Steigerung") dient der Erweiterung der menschlichen Handlungsfähigkeit und der Steigerung menschlicher Leistungsfähigkeit, vor allem im Sinne der Verbesserung von Funktionen und der Optimierung des Menschen (Savulescu 2011; Bendel 2015). Ausgangspunkt sind kranke oder gesunde Menschen, die mit Wirkstoffen, Hilfsmitteln und Körperteilen versorgt und mit Gegenständen und Technologien verbunden werden (Coenen et al. 2009). Animal Enhancement ist die Erweiterung des Tiers, vor allem zu seiner scheinbaren oder tatsächlichen Verbesserung in Bezug auf seine eigenen Interessen oder diejenigen des Menschen (Bendel 2016b). Ein Beispiel für Animal Enhancement ist RoboRoach. Eine Kakerlake wird mit einem Elektronikbauteil verbunden. Sie kann sodann über das Smartphone ferngesteuert werden. Es entsteht ein tierischer Cyborg, der Polizei und Geheimdienst interessieren könnte.

Beim Biohacking dringt man mit biologischen, chemischen oder technischen Mitteln in Organismen oder ihre Bestandteile ein, um diese zu verändern und zu verbessern. Auch die Kombination von Organismen ist möglich (Bendel 2018b). Wichtig sind gentechnische Verfahren. Es handelt sich um eine Grassroots- und Do-it-yourself-Bewegung (Charisius et al. 2013). Beim Bodyhacking geht es ebenfalls darum, neuartige Systeme hervorzubringen, die sich in ihrer belebten und unbelebten Umwelt behaupten und diese anders wahrnehmen oder beeinflussen (Bendel 2018a). Es ist die Vorbedingung des Internet of Bodies, des Internets der Körper (Bendel 2019a). Bio- wie Bodyhacking richten sich auf die Manipulation von Organismen oder deren Bestandteilen. Sie erlauben Experimente, die für die Wissenschaft von Bedeutung sind, selbst wenn sie nicht in ihrem offiziellen Rahmen durchgeführt werden.

Ein Cyborg (von engl. *cybernetic organism,* dtsch. „kybernetischer Organismus") ist ein Organismus, der technisch erweitert ist (Bendel 2016a). In eine biologische

Struktur wird eine technische eingepasst, häufig in Form informationstechnischer Mittel. Ein Cyborg ist eine Ausprägung des Bodyhackings und (bei gegebener Verbesserung) des Human und Animal Enhancement. Haraway (1985) hat eine umfassendere Definition geprägt und eine Auflösung von Grenzen zwischen Entitäten gefordert. Als umgekehrter oder umgedrehter Cyborg kann eine technische Struktur gelten, in die eine biologische eingefügt wird. Er ist vorrangig Topos von Science-Fiction, wie im *Terminator* (1984) mit der gleichnamigen Figur. Diese ist in ihrem Inneren eine Maschine, in ihrem Äußeren ein Mensch. Sollte es eines Tages gelingen, Gehirne oder andere Organe in Roboter einzupflanzen – außerhalb des Körpers am Leben erhalten hat man sie schon (Regalado 2018) –, mit der Folge, dass diese von ihnen gesteuert oder wesentlich ergänzt werden, würde der umgekehrte Cyborg resultieren.

Transhumanismus

Die Bewegung oder Ideologie des Transhumanismus propagiert die selbstbestimmte Weiterentwicklung des Menschen (selten die fremdbestimmte Weiterentwicklung von Tieren in die Richtung verständiger, quasi halbmenschlicher Wesen) mithilfe wissenschaftlicher und technischer Mittel (Bendel 2015). Huxley entwarf in seinem Buch *New Bottles for New Wine* von 1957 den Begriff des Transhumanismus im Sinne einer Loslösung des Menschen von seiner Natur:

> The human species can, if it wishes, transcend itself – not just sporadically, an individual here in one way, an individual there in another way, but in its entirety, as humanity. We need a name for this new belief. Perhaps

transhumanism will serve: man remaining man, but transcending himself, by realizing new possibilities of and for his human nature. (Huxley 1957, S. 17)

Es existieren unterschiedliche Anliegen des Transhumanismus. Eines ist das Hochladen des menschlichen Geistes in digitale Speicher *(mind uploading),* ein anderes die Schaffung der oben erwähnten Superintelligenz, die sich selbst weiterentwickelt und in einer engen Beziehung zum Menschen steht (Bostrom 2014). Diese Idee der Singularität wird vermarktet, etwa über Bücher, Videos, Konferenzen und Organisationen wie die Singularity University (su.org).

Artefakte der Maschinenethik

Die Maschinenethik hat sowohl im Englischen als auch im Deutschen ihre Standardwerke vorgelegt (Wallach und Allen 2009; Anderson und Anderson 2011; Bendel 2016c, 2019b; Misselhorn 2018). Es handelt sich um eine im Theoretischen gut abgestützte Disziplin. Im Praktischen hat sie weniger vorzuweisen, obwohl dort – mit entsprechenden Konzepten, Modellierungen, Prototypen und Simulationen – nach Ansicht mancher Vertreter ihre Bestimmung liegt (Bendel 2019b). Die Gründe sind vielfältig. Es handelt sich um eine junge Disziplin, die weltweit vielleicht ein paar Hundert Vertreter hat, von denen wiederum nur einige Maschinen bauen wollen oder können, was wiederum mit der Herkunft der Vertreter zusammenhängt – diese kommen zuweilen aus Künstlicher Intelligenz und Robotik, oft aber aus der Philosophie.

Bekannte Konzepte, Modellierungen, Prototypen und Simulationen stammen von Ronald C. Arkin

(Kampfroboter mit künstlichem Gewissen, betrügerische Maschinen für den Kriegseinsatz), Michael und Susan L. Anderson (Pflegeroboter mit Werten und Pflichten, die an die Situation angepasst werden) und Luís Moniz Pereira (Roboter, dargestellt als Avatar, der eine Prinzessin retten soll und dafür unterschiedliche Optionen mit unterschiedlichen moralischen Implikationen hat) (Bendel 2019b). Im Folgenden werden Projekte des Verfassers in aller Kürze skizziert – sie können sowohl Umsetzungen von Software- und Hardwarerobotern verdeutlichen als auch statische und dynamische Ansätze.

Im GOODBOT-Projekt von 2013 ging es darum, einen Chatbot so zu verbessern, dass er in bestimmten kritischen Situationen möglichst angemessen reagiert (Bendel 2018c, 2019b). Der GOODBOT, eine moralische Maschine, wurde prototypisch als Stand-alone-Lösung umgesetzt. Wichtig sind Funktionen wie Abfrage von Grunddaten und mehrstufige Eskalation – je mehr Hinweise der Benutzer darauf gibt, dass es ihm schlecht geht, desto mehr ist der Bot bemüht, ihn zu unterstützen. Je mehr Wörter oder Satzteile im Gespräch auftauchen, die zum Beispiel auf seelische Not hindeuten, desto eher wird das System eine Notfallnummer nennen und das Gegenüber dazu ermuntern, menschlichen Beistand zu holen.

Das LÜGENBOT-Projekt von 2016 baute auf dem GOODBOT-Projekt auf (Bendel et al. 2017; Bendel 2019b). In diesem wurden sieben Metaregeln formuliert. Eine davon lautete, dass der GOODBOT nicht lügen soll, außer in Ausnahmefällen. In konsequenter Umkehrung sollte der LÜGENBOT (LIEBOT) systematisch lügen (eine der genannten Münchhausen-Maschinen, die allerdings im Labor verblieb). Der webbasierte Prototyp einer unmoralischen Maschine suchte nach Antworten, die er für wahr hielt, und manipulierte sie mit sieben verschiedenen Strategien. Aus dem Projekt sind Erkenntnisse hervorgegangen, die dabei helfen können, verlässliche und vertrauenswürdige Dialogsysteme zu bauen, seien es Chatbots, seien es Sprachassistenten.

Das LADYBIRD-Projekt von 2017 strebte einen Saugroboter an, der aus moralischen Gründen bestimmte Insekten auf dem Boden verschont (Bendel 2017, 2019b). Er sollte sie – vor allem, wie sein Name verrät, Marienkäfer – unter Einbezug von Sensoren und Software erkennen und, entsprechenden Regeln folgend, für eine Weile seine Arbeit einstellen. Verwendet wurden Vorarbeiten wie eine Designstudie und ein annotierter Entscheidungsbaum mit moralischen Annahmen. Drei Studierende der Wirtschaftsinformatik entwickelten den Prototyp mithilfe vorgefertigter Module. Sie modifizierten den Entscheidungsbaum und programmierten die Regeln mittels Java. Das Ergebnis war ein mobiler Roboter, der Marienkäfer bzw. ähnliche Objekte ausmachen und sein Verhalten anpassen konnte.

Der BESTBOT von 2018 verband die Grundidee des GOODBOT mit dem Vernetzungsgrad des LIEBOT (Bendel 2018c). Er nutzte Gesichtserkennung, um sich optimal an den Gesprächspartner anzupassen. Beim GOODBOT musste man sein Alter in das Textfeld eingeben. Der BESTBOT war in der Lage, es durch Gesichtserkennung zu bestimmen. Mit damit gekoppelter Emotionserkennung konnte er den Gemütszustand des Gegenübers erkennen. Insgesamt reagierte er bei Benutzerproblemen überzeugender als der GOODBOT. Allerdings bezahlte man dafür einen hohen Preis, da Bilder von einem aufgenommen und analysiert wurden. Es scheint sich um eine unmoralische Maschine zu handeln, die in der moralischen verborgen ist.

In einem Projekt von 2019 wurde das MOME (Akronym für „Moralmenü") entwickelt, mit dem man seine individuelle Moral auf die Maschine übertragen konnte (Bendel 2019d). Dies geschah über

Schieberegler, über die man den Roboter anwies, etwas zu tun oder zu lassen. Es wurden bereits 2018 zwei Design-studien veröffentlicht, eine für virtuelle Assistenten, eine für LADYBIRD. Der Prototyp bezog sich auf einen humanoiden Hardwareroboter, der sich bewegen konnte und über natürliche Sprachkenntnisse verfügte. Man konnte ihm über das MOME sagen, dass er Menschen schlagen sollte oder nicht, und ihn zudem so einstellen, dass er Komplimente machte oder nicht. Bereits 2018 war ein Chatbot („E-MOMA", für „Enhancing Moral Machine") entwickelt worden, der mithilfe von Machine Learning seine Verhaltensweisen anpassen konnte. Er sollte in der Tradition des Pflegeroboters der Andersons stehen. Der erste Versuch, unter Verwendung von Markow-Ketten, war wenig befriedigend, und es sollte ein weiterer unternommen werden, um eine selbstständige Anpassung der Moral überzeugend umzusetzen.

Das Verschmelzen von maschineller und menschlicher Moral

In diesem Kapitel werden Überlegungen zum Ver-schmelzen von maschineller und menschlicher Moral angestellt. Während moralische Maschinen bereits Reali-tät sind, wie im letzten Kapitel demonstriert wurde, zudem Cyborgs aller Art (es gibt diesbezüglich regel-rechte Bewegungen), bewegt man sich hier auf weitgehend unbekanntem Gebiet.

Die maschinelle Moral im Menschen

Größtenteils spekulativ ist die Frage, was passiert, wenn Menschen mit einer moralischen Maschine fusionieren, als Ausprägung des Bodyhackings und Sonderform des Human Enhancement. Können Implantate oder Hightechprothesen eigenes oder fremdes Leben schützen, indem bestimmte Handlungen verhindert und ausgeschlossen werden? Können sie die Moral des Besitzers stärken, indem sie ihm Grenzen und Potenziale aufweisen, oder aber schwächen, indem sie seinen freien Willen untergraben? Ist durch das Verschmelzen eine Form der Supermoral möglich?

Eine Hightechprothese ist heutzutage oft ein Roboter, zumindest als Prototyp. Sie kann im besten Falle ihre Umgebung beurteilen, bei einer Bein- und Fußprothese beispielsweise den Untergrund, und dann bestimmte Entscheidungen treffen bzw. Einstellungen vornehmen, etwa hinsichtlich des Auftretens. Auch bei einer Handprothese ist es sinnvoll, wenn bestimmte Aktionen in Teilen automatisch ablaufen, etwa das Schließen der Hand, wenn ein Gegenstand erkannt und in bestimmter Weise angefasst wurde (DeGol et al. 2016). Die Vorsicht gegenüber Menschen und anderen Lebewesen kann ebenfalls einprogrammiert sein.

Nun könnte man genau an dieser Stelle weitergehen und der Prothese eigentliche moralische Fähigkeiten (maschineller Art) mitgeben. So könnte sie sich weigern, das Gegenüber zu würgen, sofern dies technisch überhaupt möglich wäre, oder ihm bestimmte Gegenstände wie Waffen oder Drogen zu reichen, mit denen es sich Schaden zufügen kann. Es bräuchte also das Moralisieren der Prothesen, mit den bei moralischen Maschinen bekannten Ergebnissen – mit dem Unterschied, dass die Prothese ein Teil des Menschen und seiner Handlungen ist.

Implantate oder Prothesen könnten dem Besitzer ebenso Grenzen und Potenziale aufzeigen, indem sie Warnhinweise geben oder eine Aktion kurzzeitig behindern bzw. fördern (etwa indem sie etwas verstärken oder vormachen) oder symbolisch bzw. sprachlich hinsichtlich der möglichen Folgen erklären. Es würde gleichsam ein erweitertes Selbstgespräch stattfinden, das dann in eine abschließende Aktion mündet, die vom Benutzer bewusst und aufgeklärt durchgeführt oder gutgeheißen wird.

Die vorgestellten Artefakte der Maschinenethik waren mehrheitlich einfache moralische Maschinen, die vorgegebenen Regeln folgen. Es wurde aber angedeutet, dass andersartige Artefakte erforscht werden und möglich sind. Eine Supermoral könnte theoretisch ebenfalls entstehen. Der Begriff ist an den der Superintelligenz angelehnt, der wiederum mit dem Konzept des Transhumanismus verbunden ist (Bostrom 2014). Es ist eine genuin maschinelle Intelligenz gemeint, ein fiktionales Ergebnis der starken KI. Entsprechend wäre eine genuin maschinelle Moral denkbar, die Teil des „neuen Menschen" ist, diesen anleitet und bestimmt, ja als Supermoral sogar unterwirft.

Der Begriff der Supermoral könnte mit Blick auf den Cyborg eine weitere Bedeutung erhalten. Dem Menschen wird oft Inkonsistenz im Moralischen vorgehalten. Dabei mag der Begriff der Moralität bemüht, der Willen zum Guten angesprochen werden, der selbst bei einer eigentlich passenden Einsicht häufig fehlt. Ein Beispiel ist die Massentierhaltung, die wohl die meisten Menschen in Europa ablehnen, die sie aber täglich durch ihr Verhalten ermöglichen und unterstützen. Eine Maschine – ob mit gewöhnlicher maschineller Moral oder Supermoral – könnte den Menschen in passender Weise vervollständigen und ausgleichen, ihm – von einem idealen Standpunkt aus – Verhaltensweisen verunmöglichen oder zumindest erschweren. Mensch und Maschine bilden zusammen die Supermoral, stellen eine Weiterentwicklung im Sittlichen dar.

Die maschinelle Moral im Tier

Ebenfalls weitgehend unerforscht und größtenteils spekulativ ist die Frage, was passiert, wenn (hochentwickelte) Tiere mit einer moralischen Maschine verschmelzen, als Ausprägung des Bodyhackings und Sonderform des Animal Enhancement. Kann z. B. ein Implantat menschliches Leben schützen, indem bestimmte Handlungen ausgeschlossen werden? Können etwa Säugetiere durch die künstliche Erweiterung von einer Vormoral zu einer Moral gelangen? Kommen sie damit psychisch und physisch überhaupt zurecht?

Ein Implantat mit chemischen Ausschüttungen oder elektrischen Reizen könnte gefährliche Wildtiere „zähmen" respektive außer Gefecht setzen. Die Steuerung bzw. Aktivierung würde von Menschen ausgehen oder vom Implantat selbst. Schnelle Bewegungen könnten ein Indikator für Gefahr sein, ebenso eine zu große Nähe zwischen Tier und Mensch (im Internet of Bodies einfach zu bestimmen). Vorteilhaft wäre, dass man z. B. Bären und Wölfen dadurch mehr Zugang zu bevölkerten Gebieten wie den Alpentälern geben könnte, bei gleichzeitiger Reduzierung des Risikos für den Menschen. Damit könnte man Arten helfen, sich wieder auszubreiten. Unklar ist, was ein solcher Eingriff für das Tierwohl bedeutete. Es würden Handlungen des Tiers immer wieder unterbrochen, mit der Folge von Stress und Frust; eine kurzzeitige Einschläferung oder Lähmung mag im Einzelfall ebenfalls schädlich sein.

Dass hochentwickelte Tiere mit einem Implantat zu einer Moral im engeren Sinne gelangen könnten, ist unwahrscheinlich. In der Regel wird ihnen überhaupt keine Moral zugesprochen, allenfalls eine Vormoral.

Sicherlich können sie soziale Fähigkeiten und Altruismus zeigen. Sie sind aber keine vollständigen moralischen Subjekte, sie sind nicht gut oder böse und können keine Verantwortung übernehmen. Sie können nicht einmal, wie bestimmte moralische Maschinen, aufgrund moralischer Regeln mehrere moralische Optionen evaluieren und je nach Situation die richtige Entscheidung treffen. Freilich hat ein dressiertes Tier durchaus Ähnlichkeiten mit einer einfachen moralischen Maschine. Insgesamt könnte die maschinelle Moral im Tier dessen Vormoral verstärken oder ausgleichen, mittels bestimmter Anweisungen, denen es folgen muss. In diesem Sinne wäre die moralische Maschine vergleichbar mit einem Menschen, der dem Tier keine Wahl lässt, und es gerade dadurch in seinem (guten oder bösen) Sinne agieren lässt.

Welche Wirkung das hätte, wäre jeweils zu untersuchen. Bei manchen Tieren wird die Erweiterung, die eine Beschränkung sein kann, wiederum zu Stress führen, zu Panik, Unwohlsein und Gegenreaktionen. Dass sie das Gelernte an ihre Cyborg-Kinder auf natürliche Weise übertragen, ist kaum anzunehmen, es sei denn, sie erleben die neue Moral als einen ständigen Vorteil (was man über Belohnung hervorrufen könnte). Insgesamt gibt es überschaubar viele Arten, die an ihre Nachkommen tradierte Verhaltensweisen weitergeben können. Der Transhumanismus kennt durchaus Vertreter, die sich für eine Höherentwicklung des Tiers einsetzen und die Animal Enhancement als Akt der Loslösung und Befreiung sehen. Ob Tiere das ebenfalls so einschätzen, kann bezweifelt werden, es sei denn, die neuen Möglichkeiten erlauben ihnen, ihrem menschgemachten oder anderweitigen Leiden zu entgehen, etwa indem sie sich verteidigen oder ausbrechen.

Die Moral des umgekehrten Cyborgs

Rein spekulativ ist die Frage, was in moralischer Hinsicht passiert, wenn ein Roboter mit einem Organismus oder Organ verschmilzt, zweifelsohne eine Idee, die aus der Ideologie des Transhumanismus geboren werden könnte. Ist er z. B. mithilfe eines menschlichen Gehirns in der Lage, die maschinelle Moral hinter sich zu lassen und zu einer menschlichen zu gelangen? Ist dann überhaupt noch die Maschinenethik zuständig oder eine Form der Roboterethik bzw. ein Bereich der Roboterphilosophie?

Die Moral wurde über Jahrtausende aus der Sicht der Philosophie, speziell der Ethik sowie der Sprachphilosophie und Logik, erforscht, kritisiert und fundiert. Später haben sich Psychologie und Soziologie für sie interessiert, zudem die Hirnforschung. Womöglich könnte ein Roboter durch das Einsetzen eines menschlichen Gehirns eine menschliche Moral erlangen (und das Robotersein hinter sich lassen). Es ist allerdings davon auszugehen, dass Hormone und Gene einen Einfluss auf diese haben, und wie sich ein menschliches Gehirn dann in einer technischen Struktur entwickeln wird, ist vollkommen unklar.

Eine interessante Frage ist, wie sich moralische Überzeugungen und Urteile ändern würden angesichts des Umstands, dass das menschliche Leben verlängert wurde, dass es lediglich fortbestehen kann in einer technischen Struktur. Dass zugleich körperliche Möglichkeiten gegeben und genommen oder zumindest verändert sind. Glück und Glückseligkeit gehören zu den Grundfragen der Ethik. Es wird zu untersuchen sein, wie sich einem umgekehrten Cyborg das Glück darstellt, wenn seine Sinnesempfindungen beim Betrachten, Essen, Trinken und Lieben ganz anderer Art sind.

Die Maschinenethik ist kaum die richtige Disziplin für diese Fragen. Sie bezieht sich auf Systeme und Maschinen, sie schafft und untersucht maschinelle Moral und moralische Maschinen (Bendel 2016c). Umgekehrte Cyborgs sind aber Chimären, nicht Mischwesen zwischen Menschen oder Menschen und Tieren, sondern zwischen Menschen und Maschinen, mit der Betonung auf letzteren. Eher scheinen Roboterethik und -philosophie geeignet dafür zu sein, bestehende Probleme zu erörtern, selbst wenn diese weit in der Zukunft liegen.

Zusammenfassung und Ausblick

Der vorliegende Beitrag hat Grundbegriffe im Bereich von Human und Animal Enhancement bzw. Bio- und Bodyhacking definiert und Konzepte und Artefakte der Maschinenethik präsentiert. Er ist anschließend der Frage nachgegangen, ob eine Verschmelzung von maschineller und menschlicher Moral möglich wäre und welche Folgen sie hätte. Es konnten mehrere realistische Beispiele skizziert werden. In anderen Bereichen mussten die Ausführungen spekulativ bleiben.

Der Transhumanismus und das Internet of Bodies haben viele Befürworter. Diese verfügen häufig über profunde technische Kenntnisse und nicht zuletzt über Kapital. Dadurch können sie die Bewegungen fördern und für ihre Ausbreitung sorgen. Die Welt um uns herum ist mit Technologien gesättigt – nun geht es darum, uns selbst mit Technologien auszurüsten und uns zu vernetzen, was im Interesse von Politik und Wirtschaft sein mag.

Es ist nicht unwahrscheinlich, dass dabei mit fortgeschrittenen Technologien aller Art experimentiert wird, auch mit moralischen Maschinen. Wenn Bodyhacker von etwas fasziniert sind, werden sie es sich einverleiben wollen. Oder sie müssen es sich einverleiben, wenn andere fasziniert und sie Bodygehackte sind. Es werden hochentwickelte Fußfesseln ebenso entstehen wie Erweiterungen, die uns zu „Supermenschen" machen. Zumindest werden wir am Ende mehr wissen über unsere menschliche Moral, und wir werden die maschinelle Moral in uns oder neben uns ersehnen oder bekämpfen.

Literatur

Anderson, M., & Anderson, S. L. (Hrsg.). (2011). *Machine ethics*. Cambridge: Cambridge University Press.

Bendel, O. (2015). Human Enhancement: Die informationstechnische Erweiterung und ihre Folgen. *TATuP, 2015*(2), 82–89.

Bendel, O. (2016a). *Cyborg. Gabler Wirtschaftslexikon.* Wiesbaden: Springer Gabler. http://wirtschaftslexikon.gabler.de/Definition/cyborg.html. Zugegriffen: 11. Dez. 2019.

Bendel, O. (2016b). *Animal Enhancement. Gabler Wirtschaftslexikon.* Wiesbaden: Springer Gabler. http://wirtschaftslexikon.gabler.de/Definition/animal-enhancement.html. Zugegriffen: 11. Dez. 2019.

Bendel, O. (2016c). *Die Moral in der Maschine: Beiträge zu Roboter- und Maschinenethik.* Hannover: Heise Medien.

Bendel, O (2017) LADYBIRD: the Animal-Friendly Robot Vacuum Cleaner. In *The 2017 AAAI Spring Symposium Series.* AAAI Press, Palo Alto (S. 2–6).

Bendel, O. (2018a). *Bodyhacking. Gabler Wirtschaftslexikon.* Wiesbaden: Springer Gabler. https://wirtschaftslexikon.gabler.de/definition/bodyhacking-100401. Zugegriffen: 11. Dez. 2019.

Bendel, O. (2018b). *Biohacking. Gabler Wirtschaftslexikon.* Wiesbaden: Springer Gabler.https://wirtschaftslexikon.gabler.de/definition/biohacking-100400. Zugegriffen: 11. Dez. 2019.

Bendel, O (2018c) From GOODBOT to BESTBOT. In *The 2018 AAAI Spring Symposium Series*. AAAI Press, Palo Alto (S. 2–9).

Bendel, O. (2019a). *Internet of Bodies. Beitrag für das Gabler Wirtschaftslexikon*. Wiesbaden: Springer Gabler. https://wirt-schaftslexikon.gabler.de/definition/internet-bodies-121902. Zugegriffen: 11. Dez. 2019.

Bendel, O. (Hrsg.). (2019b). *Handbuch Maschinenethik*. Wiesbaden: Springer VS.

Bendel, O. (2019c). Wozu brauchen wir die Maschinenethik? In O. Bendel (Hrsg.), *Handbuch Maschinenethik* (S. 13–32). Wiesbaden: Springer VS.

Bendel, O. (2019d). Das Moralmenü: Moralische Maschinen mit einer Stellvertretermoral. Telepolis, 27. Januar 2019. https://www.heise.de/tp/features/Das-Moralmenue-4285297. html. Zugegriffen: 11. Dez. 2019.

Bendel, O., Schwegler, K., & Richards, B. (2017). Towards Kant Machines. In *The 2017 AAAI Spring Symposium Series*. AAAI Press, Palo Alto (S. 7–11).

Bostrom, N. (2014). *Superintelligence: Paths, dangers, strategies*. Oxford: Oxford University Press.

Charisius, H., Friebe, R., & Karberg, S. (2013). *Biohacking: Gentechnik aus der Garage*. München: Hanser.

Coenen, C., Schuijff, M., Smits, M. et al. (2009). Human Enhancement. Studie im Auftrag des Europäischen Parlaments. Brüssel. http://www.itas.kit.edu/downloads/etag_coua09a.pdf. Zugegriffen: 11. Dez. 2019.

DeGol, J., Akhtar, A., Manja, B., & Bretl, T. (2016). *Automatic grasp selection using a camera in a hand prosthesis*. Annual international conference of the IEEE engineering in medicine and biology society. IEEE engineering in medicine and biology society. S. 431–434.

Haraway, D. (1985). A cyborg manifesto. *Socialist Review, 15*, 2. https://sites.evergreen.edu/politicalshakespeares/wp-content/uploads/sites/226/2015/12/Haraway-Cyborg-Manifesto-2. pdf. Zugegriffen: 11. Dez. 2019.

Huxley, J. (1957). *New bottles for new wine*. London: Chatto & Windus.

Misselhorn, C. (2018). *Grundfragen der Maschinenethik*. Ditzingen: Reclam.

Moor, J. H. (1979). Are there decisions computers should never make. *Nature and System, 1*, 217–229.

Regalado, A. (2018). Researchers are keeping pig brains alive outside the body. MIT Technology Review, 25 April 2018. https://www.technologyreview.com/s/611007/researchers-are-keeping-pig-brains-alive-outside-the-body/. Zugegriffen: 11. Dez. 2019.

Savulescu, J. (Hrsg.). (2011). *Human enhancement*. Oxford: Oxford University Press.

Snapper, J. W. (1985). Responsibility for computer-based errors. *Metaphilosophy, 16*(4), 289–295.

Wallach, W., & Allen, C. (2009). *Moral machines: Teaching robots right from wrong*. New York: Oxford University Press.

Prof. Dr. Oliver Bendel hat Philosophie und Germanistik sowie Informationswissenschaft studiert und in der Wirtschaftsinformatik promoviert. Er ist Experte in den Bereichen Wissensmanagement, Informationsethik sowie Maschinenethik. Seit 1998 sind ca. 400 Fachpublikationen entstanden, darunter verschiedene Bücher und Buchbeiträge sowie Artikel in Praktiker- und Fachzeitschriften.

Technik jenseits von Geschlecht? Eine kritische Reflexion der Verschränkung von Geschlecht und Technik

Tanja Kubes

Einleitung

Ich möchte mit einem kleinen Gedankenexperiment beginnen. Wem gilt Ihr letzter Blick, bevor Sie zu Bett gehen und Ihr erster wenn Sie aufwachen? Wen berühren Sie über den Tag verteilt am allerhäufigsten? Von wem können Sie Ihren Blick nicht lassen? Mit wem teilen Sie Ihre intimsten Geheimnisse? Ohne wen fühlen Sie sich unvollkommen, nackt und hilflos?

T. Kubes (✉)
ZIFG, FG Gender in MINT und Planung / Feminist Studies in Science, Technology and Society, TU Berlin, Berlin, Deutschland
E-Mail: tanja.kubes@tu-berlin.de

© Der/die Herausgeber bzw. der/die Autor(en), exklusiv lizenziert durch Springer-Verlag GmbH, DE, ein Teil von Springer Nature 2020
M. C. Bauer und L. Deinzer (Hrsg.), *Bessere Menschen? Technische und ethische Fragen in der transhumanistischen Zukunft*, https://doi.org/10.1007/978-3-662-61570-6_4

Sie denken jetzt vielleicht an Ihren Partner oder Ihre Partnerin – wahrscheinlicher aber ist, dass die Beschreibung auf etwas anderes zutrifft. Es gibt etwas in unserem Leben, dem die meisten von uns viel mehr Aufmerksamkeit widmen; etwas, das von den meisten von uns viel häufiger berührt wird und das uns besser kennt als wir uns selbst: unser Smartphone.

Menschen unter 30 sind im Schnitt sieben Stunden pro Tag online. Davon schauen sie um die 3 Stunden für private Zwecke in ihr Smartphone (Welt 2017). Tendenz steigend. Für die große Mehrheit unserer Gesellschaft ist der stundenlange Umgang mit elektronischen Medien Normalität. Dies gilt vor allem auch für die jüngere Generation, die mit Handy und Computer aufgewachsen ist. Zwei Drittel der 10- bis 11-Jährigen besitzen inzwischen ein eigenes Smartphone (Zeit Online 2018). Und wie Sie vielleicht selbst aus Ihrer Familie wissen, können selbst Kleinkinder schon ziemlich geschickt mit diesen Geräten umgehen. Die Beziehung von Mensch und Maschine wird nicht nur immer alltäglicher, sie wird auch immer intensiver. Mensch und Technik verschmelzen im Alltag immer mehr.

Was ist Technik?

An dieser Stelle sollten wir kurz überlegen: Was ist das eigentlich: Technik? Die Antwort weiß der Verein Deutscher Ingenieure (VDI). In dessen Richtlinie 3780 heißt es: „Technik im Sinne dieser Richtlinie umfasst die Menge der nutzenorientierten, künstlichen, gegenständlichen Gebilde (Artefakte oder Sachsysteme); die Menge menschlicher Handlungen und Einrichtungen, in denen Sachsysteme entstehen; die Menge menschlicher Handlungen, in denen Sachsysteme verwendet werden" (VDI o. J.). Technik ist in diesem Verständnis also erheblich mehr, als nur etwas mit

Zahnrädern oder Kabeln oder Platinen. Technik im Sinne des VDI ist ausdrücklich *jedes* „nutzenorientierte, künstliche, gegenständliche Gebilde" und *jede* Art des menschlichen Umgangs damit. Technik ist also nicht etwa nur der Computer, an dem ich diesen Text verfasse, oder die Druckmaschine, die ihm seine physische Gestalt verleiht. Auch der Tisch, an dem ich schreibe, ist Technik; genauso wie der Sessel, in dem Sie sitzen, während Sie diesen Text lesen, die Tasse, aus der Sie dabei vielleicht einen Kaffee trinken, oder die Kleidung, die Sie dabei tragen.

Was ist nun all diesen Erscheinungsformen von Technik gemeinsam? Zum Beispiel, dass sie *gemacht* sind. Sie alle sind von irgendwem erdacht, entworfen und hergestellt worden. Das ist weniger banal, als es vielleicht klingen mag. Denn Technik ist, eben weil sie von Menschen gemacht wird, niemals neutral, sondern stets in vielfältige Macht- und Herrschaftsverhältnisse eingebunden (Barad 1996, 2003; Bath 2014; Haraway 1988; Kubes 2019a, b, c; Wajcman 1991, 2004). Technik ist kein isolierter, selbstständiger Bereich. Sie ist auf das Engste verflochten mit Wirtschaft, Gesellschaft, Politik und Kultur. Technik ist entsprechend auch nicht, wie man vielleicht auf den ersten Blick meinen könnte, eine geschlechterneutrale Umsetzung von mathematischen und physikalischen Regeln. Ob etwas gemacht wird und wie etwas gemacht wird, beruht auf Entscheidungen, die ganz konkrete Personen auf der Basis *ihrer* Ideen über die Welt treffen. Das heißt: Technik setzt Normen. Technik schließt ein. Technik schließt aus.

Technik und Geschlecht

Betrachten wir ein einfaches Beispiel für ein „nutzenorientiertes, künstliches, gegenständliches Gebilde", in dem die Wirkmächtigkeit von Geschlecht ziemlich offensichtlich ist: den Sicherheitsgurt im Auto. Mitte der 1970er Jahre, noch vor Einführung der allgemeinen Gurtpflicht auf deutschen Straßen, versuchte man die Fahrzeugführer*innen im Lande vom Nutzen des Gurtes zu überzeugen und startete eine aufwendige Werbekampagne. Auf einem berühmten Kampagnenfoto des Deutschen Verkehrssicherheitsrates (DVR) aus dem Jahr 1974 sieht man eine verführerisch schauende junge Frau im ultratief ausgeschnittenen Jeanshemd am Steuer sitzen. Mit der einen Hand greift sie das Lenkrad des Fahrzeugs, mit der andere Hand hält sie den grauen Sicherheitsgurt, der diagonal über ihrer Brust verläuft, etwas von dieser weg. Der zugehörige Slogan lautet: „Oben mit ist besser" (DVR o. J.). Unabhängig von der sexistischen Darstellung und dem intendierten, nicht minder sexistischen Werbeslogan, der auf die seinerzeit gerade aufgekommene Mode des Obenohne anspielt, wirkt die Anbringung des Sicherheitsgurts aus anatomisch weiblicher Sicht suboptimal. Die Werbeagentur mag bei der Konzeption der Kampagne an weibliche Brüste gedacht haben – die Ingenieure, die den Sicherheitsgurt entwickelten aber offensichtlich nicht. Für Menschen mit Brüsten jedenfalls ist die diagonale Gurtführung quer über eine äußerst empfindliche Körperpartie alles andere als angenehm. Es ist schwer vorstellbar, dass eine Ingenieurin das erfunden hätte.

Worauf will ich mit diesem Beispiel hinaus? Nun, der Sicherheitsgurt mag ein besonders offensichtliches Beispiel sein, im Grunde aber ist es ganz gleichgültig, welche Technologie wir betrachten: Stets wird durch die spezifische Art ihrer Gestaltung ein „idealtypischer" Nutzer bzw. eine „idealtypische" Nutzerin definiert. Gleichzeitig werden damit natürlich alle Personen oder Personengruppen, die *nicht* dieser Norm entsprechen, entweder ganz von der Nutzung ausgeschlossen, oder aber diese wird erheblich erschwert. Es fällt aber doch auf, dass scheinbar immer die gleiche Gruppe die Norm vorgibt: Männer (meist weiße, jüngere, gesunde, …); und dass scheinbar auch stets die gleichen Gruppen ausgeschlossen werden (Frauen, ältere Personen, Menschen mit Behinderung, etc.). Die Verteilung ist so augenfällig, dass hier etwas anderes am Werk zu sein scheint als reine technische Notwendigkeit.

Vor allem zwei Faktoren dürften für den männlichen *Bias* in der Technikentwicklung verantwortlich zeichnen. Grundsätzlich besteht bei der Entwicklung neuer Technologien ja immer die Gefahr, dass technische Lösungen vorrangig aus der Binnenperspektive der Entwickler*innen heraus und an deren Bedürfnissen orientiert entworfen werden. Die Entwickler*innen selbst, mit anderen Worten, bilden die wichtigste Bezugsgröße, an der der Entwicklungsprozess ausgerichtet wird. In der Wissenschaftssoziologie wird dies auch als „I-Methodology" bezeichnet (Akrich 1992). Für sich genommen, bräuchte dies eigentlich gar keine gravierenden Folgen haben – *wenn* denn in Entwickler*innenteams ausreichende Gegenperspektiven vertreten wären. Leider aber sind die technischen Berufsfelder in Deutschland nach wie vor sehr stark männlich dominiert und lassen genau diese Perspektivenvielfalt häufig vermissen (Kubes und Ihsen 2019). Die meisten Entwickler*innen, Designer*innen, Ingenieur*innen und Forscher*innen sind nach wie vor Männer, und so potenziert sich der *männliche Blick* auf die zu lösenden Probleme eher noch, anstatt sich im Austausch zu relativieren. Anwendungs- und Nutzungskontexte, die nicht der männlichen Norm entsprechen, werden also allzu oft schlicht vollständig ausgeblendet. Tradierte (Gender-)Skripte schreiben sich so stets aufs Neue in technologische Entwicklungen ein und reproduzieren und re-affirmieren auf diese Weise bestehende Stereotype (Akrich 1992; Bath 2014; van Oost 2003; Oudshoorn und Pinch 2003; Rommes 2002).

Diese Tatsache ist umso gefährlicher, als wir in den letzten Jahrzehnten eine zunehmende Verzahnung von Mensch und Technik beobachten, die bereits heute die Frage nach einer eindeutigen Grenzziehung zwischen Mensch und Maschine aufwirft. Transhumanistische Phänomene, wie die oben angedeutete Auslagerung unserer kognitiven Fähigkeiten auf Smartphones, stellen hierbei womöglich noch das kleinere Problem dar. Manche mögen es bedauern, dass Fähigkeiten wie Kopfrechnen, Auswendiglernen oder räumliche Orientierung zusehends der virtuosen Bedienung von Touchscreens gewichen sind, letztlich aber sind es immer noch wir, die unsere Smartphones benutzen, um das zu tun, was *wir* wollen. Was aber, wenn Computer weiterhin leistungsfähiger werden? Was, wenn es mittelfristig gelingen sollte, *wirklich* intelligente Maschinen zu konstruieren, die nicht einfach nur Mittel zum Zweck sind, sondern in vielerlei Hinsicht Gegenüber auf Augenhöhe? Was, wenn wir den Bereich des Sozialen irgendwann auf nicht-menschliche Aktanten in Form von Robotern erweitern müssen?

Roboter und Geschlecht

Wir sind es gewohnt, Menschen ein Geschlecht zuzuweisen. Je nachdem, wie diese Zuschreibung ausfällt, verhalten wir uns ihnen gegenüber in einer bestimmten Weise. Wie aber ist es mit intelligenten Robotern? Haben Roboter ein Geschlecht? Spontan sollte man meinen: nein.

Roboter – auch intelligente Roboter – sind nach wie vor Maschinen. Die Ordnungskategorie „Geschlecht" macht für sie nicht wirklich Sinn. Bei einem Industrieroboter würden die Meisten dieser These vermutlich zustimmen. Was aber, wenn der Roboter menschliche Optik, Mimik und Verhaltensweisen möglichst naturgetreu nachahmt? Dem Roboter wird dann scheinbar selbstverständlich auch ein Geschlecht zugewiesen. Mit der Anthropomorphisierung von Maschinen geht also häufig eine direkte Vergeschlechtlichung von Technik einher.

Stereotype Vorstellungen darüber, wie Männer und Frauen ‚von Natur' aus zu sein haben, werden bewusst, wie unbewusst auf Maschinen übertragen. Die gängigen Klischees sind dabei denkbar unoriginell: weibliche Roboter haben lange Beine, schmale Schultern, ein gleichmäßiges, attraktives Gesicht, entsprechend den lokal vorherrschenden Schönheitsidealen. Eines der häufigsten Adjektive, wenn man etwa auf YouTube nach weiblichen humanoiden Robotern sucht, lautet „*beautiful*". Männliche Roboter hingegen haben breite Schultern und sind insgesamt ‚kantiger'. Die Reproduktion geschlechtsspezifischer Schlüsselreize macht jedoch bei der Optik nicht halt. Sie wird auch auf vermeintlich geschlechtsspezifische Handlungsmuster und Kompetenzen ausgeweitet: Frauen sind nicht so gut in technischen Berufen, Männer haben kein Händchen für soziale Tätigkeiten, Frauen sind schwach, Männer stark, Frauen niedlich, Männer robust, etc. – nichts, was nicht längst durch unzählige Studien widerlegt wäre. Aber eben auch nichts, was sich nicht hartnäckig als Klischee halten würde.

Betrachten wir ein paar Beispiele: Im Pflege- und Servicebereich werden aktuell meist ‚weiblich' designte Roboter eingesetzt. Das spiegelt die Tatsache wider, dass auch menschliche Akteur*innen in diesen Berufsfeldern in den letzten Jahrzehnten zunehmend weiblich waren.

Und die Roboter beschränken sich nicht auf die optische Imitation. Da bittet etwa der chinesische Service-Roboter Jia-Jia bei einer Pressepräsentation zur großen Erheiterung der anwesenden Fotograf*innen schon einmal darum, nicht aus einem bestimmten Winkel zu fotografieren, weil sonst auf dem Bild sein Gesicht dick aussehen könnte. Seinen Konstrukteur spricht er mit „Mein Gebieter" an (YouTube 2016). Muss ich erwähnen, dass Jia-Jia als attraktive, junge Frau designt ist?

Solche ästhetische Feinheiten liegen ‚männlichen' Robotern fern. Ihr Tätigkeitsspektrum fällt eher in die Bereiche Transport, Ordnung oder Militär. Der proto-typische „Search and Rescue"-Roboter *Atlas* von Boston Dynamics mag als Beispiel genügen. Schmale Taille, breite Schultern, auf Schnelligkeit und Kraft getrimmt und nur stellenweise mit hellem Kunststoff verkleidet, während an den meisten Gelenken die Mechanik unverhüllt zu beobachten ist, versucht er gar nicht erst, mit Schönheit zu blenden. Schaut man sich eines der Videos an, die Boston Dynamics zahlreich online stellt, versteht man, warum er nach dem *Titan, der das Himmelsgewölbe trägt,* benannt ist. Der erste Eindruck ist der von ungezähmter Energie und Ausdauer (Boston Dynamics o. J.).

Nun mögen Sie denken, klar, ein Militärroboter, der im Krieg und in Katastrophengebieten eingesetzt werden soll und schwere Lasten tragen muss, natürlich ist der *männlich.* Aber ist das wirklich ‚natürlich'? Wieso sollten Erscheinungsform und Bewegungsablauf an einem männlichen Bodybuilder orientiert sein? Wieso braucht ein Roboter breite Schultern und eine schmale Taille? Kräftig, schnell und wendig könnte diese Maschine auch ohne dieses Design sein (das zeigen Industrieroboter).

Das Problem ist dabei gar nicht, dass es nicht praktisch wäre, über einen Militärroboter zu verfügen, der seinem Gegner schon beim ersten Anblick Angst einjagt, oder dass es nicht nett sein kann, von einer hübschen jungen Roboterfrau im Hotel begrüßt zu werden. Problematisch ist vielmehr, dass wir dabei Stereotype und Klischees in Technologie übersetzen, von denen wir gerade begonnen haben, uns zu lösen. Die Konstruktion intelligenter Roboter birgt ein enormes Potenzial für Vielfalt und Diversität, denn im Grunde könnte man ja frei mit Formen und Materialien spielen. Wenn stattdessen längst überholt geglaubte Rollenmodelle wieder ausgegraben werden, ist das Grund zur Besorgnis.

Das Angebot an Servicerobotern dürfte schon in naher Zukunft exponentiell zunehmen. Wenn solche Roboter aber erst einmal in der Masse vorkommen und wir mit ihnen ständig interagieren, werden sie mit einer ähnlichen Selbstverständlichkeit Teil unseres Lebens, wie es Smartphones und Computer heute schon sind. Und das kann nicht ohne Auswirkungen auf unsere Weltanschauung bleiben. Die stets höfliche Dame an der Rezeption, die, um den Gast zufriedenzustellen, von diesem weder ein Danke noch ein Bitte erwartet, makellos, sexy und immer verfügbar – ist es das, was wir von Robotern wollen? Nicht nur aus feministischer Perspektive erscheint das wie ein Alptraum. Um höfliche und kompetente Auskunft zu geben, braucht es weder ein (weibliches) Geschlecht, noch ein bestimmtes (scheinbares) Alter, noch eine konsequent humanoide Form. Das gilt im Übrigen auch für Roboter, die für einen noch deutlich intimeren Bereich des menschlichen Lebens gebaut werden.

Beispiel Sexroboter

In den Medien war zuletzt häufig von Sexrobotern zu lesen. Von der *Süddeutschen,* über die *Zeit,* bis hin zur *New York Times* wurde zumeist in ziemlich dystopischer Weise über des Leben und Lieben mit diesen Robotern berichtet. Beispielhaft hier ein paar Artikelüberschriften aus der deutschen Presselandschaft: „Sexroboter und Menschen: Kann das eine Liebesgeschichte werden?" (*Süddeutsche Zeitung* 2018a); „Jeder fünfte Deutsche würde mit Roboter schlafen" (*Fokus* 2018); „Sex mit einem Roboter? Ja, Bitte!" (*Süddeutsche Zeitung* 2018b); „Sexroboter mit künstlicher Intelligenz" (*Playboy* o. J.); „Können Sexroboter Menschen lieben?" (*Süddeutsche Zeitung* 2016); „Wenn die Roboter kommen, werden wir sie lieben" (Der Spiegel 2017).

Das Thema wird heiß diskutiert. Zu Recht. Im Grunde handelt es sich ja gerade bei Sexrobotern um eine Technologie mit enormem posthumanistischem Potenzial. Sozialität im Allgemeinen sowie sexuelle und emotionale Befriedigung bleiben dabei nicht auf den Austausch zwischen Menschen beschränkt, sondern findet zwischen Mensch und Maschine statt. Wenn solche Grenzen aufgehoben werden, ist das aus posthumanistischer Perspektive zunächst einmal durchaus begrüßenswert. Tatsächlich aber ist das, was derzeit unter der Bezeichnung „Sexroboter" produziert und verkauft wird, leider wenig mehr als ein Auf-die-Spitze-Treiben von Stereotypen und Klischees. Die Chance, nach Formen der sexuellen Befriedigung jenseits einer Logik der Reproduktion und jenseits starrer Geschlechterstereotype zu suchen, wird von den Herstellern schlicht vertan (Kubes 2019a, b, c). Ich finde das überaus bedauerlich, es ist aber zumindest verständlich, wenn man sich die jeweiligen Firmengeschichten anschaut. Der marktführende Hersteller von Sexrobotern (Realbotix/Realdollx) hat ursprünglich Sexpuppen hergestellt, die jetzt mit künstlicher Intelligenz aufgerüstet werden. Hingegen gibt es bislang keine ausgewiesenen KI-Firmen, die sich als zusätzliche Sparte der Entwicklung von Sexrobotern zugewandt hätten. Praktisch alle Hersteller von Sexrobotern betonen jedoch, dass es ihnen darum gehe, ihren Kund*innen „echte Gefährtinnen" zur Seite zu stellen (Realldollx o. J.). Ein Sexroboter (heute eigentlich, wenn es das Wort denn gäbe: eine Sexroboterin) soll also nicht allein der sexuellen Befriedigung dienen, sondern daneben eine Vielzahl sozialer Funktionen übernehmen. Tatsächlich ist es wohl weit weniger unwahrscheinlich, als man spontan annehmen möchte, dass sie das auch durchaus können.

Mensch-Maschine-Beziehung

Wir Menschen sind nicht besonders wählerisch, was unsere Zuneigung angeht. Wir schenken sie meist einfach denen, von denen wir sie auch erhalten. Oder besser: von denen wir glauben, dass sie uns ihre Zuneigung schenken. Falls Sie den Film *Her* von Spike Jonzes gesehen haben, wissen Sie, was ich meine. Der Protagonist der Geschichte, Theodore Twombly, verliebt sich darin unsterblich in seine virtuelle Assistentin Samantha. Samantha ist eigentlich nichts weiter als die computergenerierte Stimme seines Assistenzsystems, die Theodore jedoch endlich das Gefühl gibt, verstanden und geliebt zu werden. Die Geschichte endet tragisch, als Theodore erkennt, dass Samantha nicht nur ihn liebt, sondern 641 weitere der über 8000 Benutzer*innen, mit denen sie in just diesem Augenblick gleichzeitig kommuniziert. Bis zu diesem Zeitpunkt aber ist die Liebesgeschichte zwischen Theodore und Samantha zumindest für Theodore nicht weniger real als jede Beziehung zu einer Frau aus Fleisch und Blut. Wenn wir aber offensichtlich grundsätzlich Willens sind, uns emotionalen Beziehungen zu Computern (oder deren Simulationen eines menschlichen Gegenübers) zu öffnen, wenn wir Willens sind, damit die Grenze zwischen der Kohlenstoff- und der

Siliziumsphäre zu überschreiten, wenn wir Willens sind, Emotionen und Sexualität künftig als etwas nicht allein Zwischenmenschliches anzusehen – warum sollten wir dann Roboter bauen, die aussehen wie Menschen? Und wieso sollten diese an einem einfältigen Schönheitsideal orientiert sein? Junge Frauen, mit ultraschmaler Taille und enormen Brüsten? Wo bleibt hier die Vielfalt? Wollen wir damit Menschen ersetzen? So wie Replikanten in Science-Fiction-Filmen? Wollen wir mit den menschenähnlichen Robotern den neuen, perfekten, normierten Menschen erschaffen? Oder wollen wir vielmehr neue Möglichkeiten und neue Designoptionen jenseits streng humanoider Form erschaffen und mit Technik auf innovative Weise zusammenleben? Technik ist nie neutral. Sie kann aber gestaltet werden. Sie kann existierende Stereotype und Normierungen verstärken; oder sie auflösen. Wenn wir mit Maschinen zusammenleben wollen und immer weiter mit Technik verschmelzen, ist das der Punkt, den wir vermutlich reflektieren sollten, bevor wir neue Maschinen konstruieren!

Literatur

Akrich, M. (1992). The de-scription of technical objects. In W. E. Bijker & J. Law (Hrsg.), *Shaping technology/building society: Studies in sociotechnical change* (S. 205–224). Cambridge: MIT.

Barad, K. (1996). Meeting the universe Halfway: Realism and social constructivism without contradiction. In L. H. Nelson & J. Nelson (Hrsg.), *Feminism, science, and the philosophy of science* (S. 161–194). Dordrecht: Kluwer.

Barad, K. (2003). Posthumanist performativity: Toward an understanding of how matter comes to matter. *Signs: Journal of Women in Culture & Society, 28,* 801–831.

Bath, C. (2014). Searching for methodology: Feminist technology design in computer science. In E. Waltraud & H. Ilona (Hrsg.), *Gender in science and technology. Interdisciplinary approaches* (S. 57–78). Bielefeld: transcript.

Boston Dynamics. (o. J.). Atlas. https://www.bostondynamics. com/atlas. Zugegriffen: 17. Febr. 2020.

Der Spiegel Online. (2017). Wenn die Roboter kommen, werden wir sie lieben. https://www.spiegel.de/netzwelt/ gadgets/anthropomorphismus-koennen-menschen-roboter-lieben-a-1128553.html. Zugegriffen: 17. Febr. 2020.

DVR. (o. J.). BAB-Plakat „Oben mit ist besser". http://www. dvr-medienarchiv.de/(2vmzvvevqi3liu45v20xcuie)/foto. aspx?id=3025. Zugegriffen: 17. Febr. 2020.

Fokus. (08. Januar 2018). Jeder fünfte Deutsche würde mit Roboter schlafen. *Fokus.*

Haraway, D. (1988). Situated knowledges: The science question in feminism and the privilege of partial perspective. *Feminist Studies, 14,* 575–599.

Kubes, T. (2019a). Bypassing the uncanny valley: Postgender sex robots and robot sex beyond mimicry. In M. Coeckelbergh & L. Janina (Hrsg.), *Techno: Phil – Aktuelle Herausforderungen der Technikphilosophie.* Berlin: J. B. Metzler. https://doi.org/10.1007/978-3-476-04967-4_4.

Kubes, T. (2019b). Sexroboter – Queeres Potential oder materialisierte Objektifizierung? Cyborgs revisited: Zur Verbindung von Geschlecht, Technologien und Maschinen. *Feministische Studien*, 2. https://doi.org/10.1515/fs-2019-0033

Kubes, T. (2019c). New materialist perspectives on sex robots. A feminist dystopia/utopia? *Social Science, 8*(8), 224. https:// doi.org/10.3390/socsci8080224.

Kubes, T., & Ihsen, S. (2019). Humanistic issues in engineering and engineering education. A perspective from gender studies at a technical university in Germany. In S. Joanna (Hrsg.), *Engineer with a humanistic soul. The place and role of humanistic issues in technological discourse* (S. 337–353). Lodz: Monographs of Lodz University of Technology.

Oudshoorn, N., & Pinch, T. (Hrsg.). (2003). *How users matter. The co-construction of users and technologies.* Cambridge: MIT Press.

Playboy Online. (o. J.). „Samantha": Sexroboter mit künstlicher Intelligenz. https://www.playboy.de/lifestyle/lust/sex-roboter-samantha. Zugegriffen: 17. Febr. 2020.

Realldollx. (o. J.). https://www.realdollx.ai. Zugegriffen: 14. Febr. 2020.

Rommes, Els. (2002). *Gender scripts and the internet: The design and use of Amsterdam's digital city.* Enschede: Twente University Press.

Süddeutsche Zeitung. (19. Februar 2016). Können Sexroboter Menschen lieben? *Süddeutsche Zeitung.*

Süddeutsche Zeitung. (29. September 2018a). AI loves you. Sexroboter und Menschen: Kann das eine Liebesgeschichte werden? *Süddeutsche Zeitung.*

Süddeutsche Zeitung. (22. Mai 2018b). Sex mit einem Roboter? Ja, Bitte! *Süddeutsche Zeitung.*

Van Oost, E. (2003). Materialized Gender. How Shavers Configure the Users' Femininity and Masculinity. In: N. Oudshoorn, T. Pinch (Hrsg.), *How Users Matter. The Co-Construction of Users and Technologies.* (S. 193–208). Cambridge: MIT Press.

VDI. (o. J.). VDI Richtlinie 3780. https://www.vdi.de/richt-linien/details/vdi-3780-technikbewertung-begriffe-und-grundlage. Zugegriffen: 14. Febr. 2020.

Wajcman, J. (1991). *Feminism confronts technology.* Cambridge: Polity.

Wajcman, J. (2004). *TechnoFeminism.* Cambridge: Polity.

Welt. (2017). Studie: Junge Deutsche verbringen täglich fast sieben Stunden im Internet. https://www.welt.de/newsticker/news1/article165809546/Studie-Junge-Deutsche-verbringen-taeglich-fast-sieben-Stunden-im-Internet.html. Zugegriffen: 14. Febr. 2020.

YouTube. (2016). Jia Jia Robot – China unveils first interactive robot. https://www.youtube.com/watch?v=2WkGtjZDpcQ. Zugegriffen: 17. Febr. 2020.

Zeit Online. (2018). Soll man Handys in der Schule verbieten? https://www.zeit.de/2018/32/smartphones-schule-bildung-frankreich-verbot. Zugegriffen: 14. Febr. 2020.

Dr. Tanja Kubes ist Soziologin und Ethnologin und arbeitet mit den Schwerpunkten Gender-Studies und Mensch-Technik-Interaktion an der TU Berlin. Weitere Forschungsfelder sind Körpersoziologie, Autoethnographie, Ethnologie der Sinne sowie Trans- und Posthumanismus. Aktuell forscht Sie aus einer queer-feministischen und kritisch posthumanistischen Perspektive zu Sexrobotern. Sie überlegt hierbei ob durch intime Beziehungen zu technischen Artefakten tradierte Dichotomien Frau/Mann, Mensch/Maschine, Natur/Kultur aufgebrochen werden können und welche Möglichkeiten einer neuen, befriedigenden Sexualität die gleichberechtigte Interaktion mit maschinellen Gegenübern bietet. In ihrer Monographie „Fieldwork on High Heels. Eine ethnographische Studie über Hostessen auf Automobilmessen" (Transcript 2018) befasst sie sich mit heteronormativen Schönheits-, Körper-, Macht- und Inszenierungspraxen auf Messen und deckt den dort über Jahrzehnte verankerten Sexismus auf.

Was „denkt" Künstliche Intelligenz? Wie wir sichtbar machen, wie intelligent KI wirklich ist

Katharina Weitz

Über Künstliche Intelligenz

Seit einigen Jahren ist der Begriff „Künstliche Intelligenz" in aller Munde. Dabei ist der Begriff nicht neu. Wissenschaftler:innen setzen sich schon seit über 60 Jahren mit den Herausforderungen und Tücken Künstlicher Intelligenz auseinander. Die Geburtsstunde der Künstlichen Intelligenz (kurz: KI) war 1956 in den USA. In einem Sommer-Workshop am Darthmouth College einigten sich Wissenschaftler auf die Bezeichnung

K. Weitz (✉)
Institut für Informatik, Lehrstuhl für Multimodale
Mensch-Technik Interaktion, Universität Augsburg,
Augsburg, Deutschland
E-Mail: katharina.weitz@informatik.uni-augsburg.de

M. C. Bauer und L. Deinzer (Hrsg.), *Bessere Menschen?*
Technische und ethische Fragen in der transhumanistischen Zukunft,
https://doi.org/10.1007/978-3-662-61570-6_5

„Artificial Intelligence" (AI), um Forschungsbereiche, die vorher mit *„thinking machines"* oder *„complex information processing"* bezeichnet wurden, unter einem Begriff zu vereinen (McCorduck, P. 2004). Warum ist dies wichtig zu wissen? Weil die Namensgebung einen Einfluss auf die Wahrnehmung und Erwartungen an dieses Gebiet hat. Der Name gibt es bereits vor: Wir erwarten etwas, das intelligent ist. Intelligent handelt. Wo aber Erwartungen vorliegen, ist die Enttäuschung oft nicht weit entfernt. Davon zeugen zwei KI-Winter, in denen Künstliche Intelligenz fast schon abgeschrieben war. Das, was man als intelligent vermutete, war langsam, unflexibel und gar nicht mal so schlau. Und nun also seit einigen Jahren die große KI-Euphorie. Und nicht zu Unrecht: Es hat sich viel getan, die Fortschritte in der Forschung können sich sehen lassen, ein Durchbruch folgt dem nächsten. Die wissenschaftlichen Veröffentlichungen, die das Schlüsselwort „Artificial Intelligence" beinhalten, haben sich seit dem Jahr 2000 mehr als verdreifacht. Es gibt inzwischen Systeme, die erfolgreich in unserem Alltag eingesetzt werden, zum Beispiel, um Gesichter zu erkennen, unsere Vorlieben bei Musik und Filmen zu lernen, um große Datenmengen zu analysieren (zum Beispiel Weitz et al. 2019a) oder unser Kaufverhalten aufzuzeichnen, um uns (scheinbar) perfekt zugeschnittene Werbung zu präsentieren. Doch wie kommen diese Systeme auf ihre Klassifikationsentscheidungen? Welche der Unmengen an Informationen waren relevant für das System? Hat das System das gelernt, was es sollte? Wo macht es noch Fehler? Alles Fragen, die so wichtig sind. Und gar nicht so einfach zu beantworten, bestehen die heutigen Systeme vor allem aus sogenannten „Tiefen Neuronalen Netzen". Eines dieser Netze, das Krizhevysk et al. (2012) beschreiben, erkennt Objekte auf Bildern und verwendet hierfür 650.000 Neuronen und über 60 Mio. Parameter.

Abb. 1 Roboter wie Reeti werden an der Universität Augsburg verwendet, um soziale Interaktionen zwischen Mensch und Maschine zu erforschen. (Foto: Hannes Ritschel)

Eine Komplexität also, die wir ohne Hilfsmittel weder überschauen noch erfassen können. Dies ist aber notwendig, wenn wir sichergehen wollen, dass KI das macht, was wir möchten. Daher müssen wir dafür sorgen, dass diese Systeme nachvollziehbar und transparent werden. Im Folgenden soll beleuchtet werden, wie wir dies bewerkstelligen können und welche Probleme und Chancen sich daraus ergeben.

Wie „denkt" eine KI?

Wie KI funktioniert, möchte ich exemplarisch an Reeti zeigen. Reeti ist einer unserer Roboter an der Universität Augsburg (s. Abb. 1). Reeti kann humorvoll sein (Ritschel und André 2018), Nutzer:innen bei gesundheitsbezogenen Themen wie gesunder Ernährung unterstützen (Ritschel et al. 2019a) und als Alltagsassistent für Menschen in ihrem Zuhause eingesetzt werden (Ritschel et al. 2019b). Um seine Aufgaben erfüllen zu können, ist es nützlich, wenn Reeti einschätzen kann, wie sein menschliches Gegenüber empfindet. Helfen können ihm hier soziale Signale. Für das soziale Zusammenleben von Menschen waren soziale Signale schon immer zentral. Ein wichtiger Nutzen und Zweck dieser Signale liegt darin, dass wir schnell den Gemütszustand einer anderen Person einschätzen können, um passend zu reagieren. Ein wichtiges Signal ist die Gesichtsmimik. Diese Informationen soll Reeti nutzen, um den Emotionsausdruck seines Gegenübers einschätzen zu können. Um Reeti diese Aufgabe bewältigen zu lassen, statten wir ihn mit einem künstlichen Tiefen Neuronalen Netz aus, mit dessen Hilfe er Emotionsausdrücke anhand von Gesichtsbildern erkennen soll. Wir haben nun schon gehört, dass Tiefe Neuronale Netze aus vielen Hunderttausend Neuronen und Millionen von veränderbaren Parametern bestehen. Neuronen finden wir auch noch woanders, nämlich im menschlichen Gehirn. Wir Menschen besitzen noch viel mehr davon als eine KI, nämlich circa 100 Mrd. Die Art und Weise, wie künstlichen Neuronen funktionieren, hat viel Ähnlichkeit mit der Funktionsweise der Neuronen in unserem Gehirn. In unserem Gehirn erhält ein Neuron Informationen in Form von Signalen. Diese werden mithilfe der Dendriten in das Neuron befördert. Sind diese Signale stark genug, wird ein Aktionspotenzial ausgelöst, dass dazu führt, dass das Neuron die Information mithilfe seiner Synapsen, an denen Neurotransmitter ausgeschüttet werden, an die Dendriten des nächsten Neurons weitergibt. In einem künstlichen neuronalen Netz senden die Neuronen Informationen (numerische Werte) an angrenzende Neuronen (s. Abb. 2). Die Gewichte (*w* für *weight*) gewichten, wie ihr Name schon sagt, die Information (*x*). Eine Aktivierungsfunktion (*f*) (s. Abb. 3) entscheidet dann in Abhängigkeit der Gewichte, wie stark

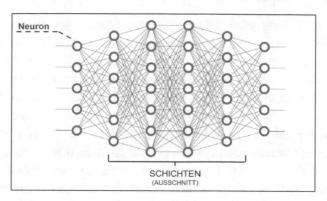

Abb. 2 Aufbau eines Tiefen Neuronalen Netzes aus einzelnen Neuronen, die miteinander verbunden und in Schichten angelegt sind. (Foto: Katharina Weitz)

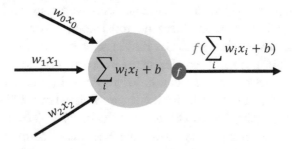

Abb. 3 Schematischer Aufbau eines künstlichen Neurons. (Foto: Katharina Weitz)

die Information an das nächste Neuron weitergegeben wird.

Um bei den Tausenden Neuronen nicht den Überblick zu verlieren, sind diese im künstlichen neuronalen Netz in Schichten angelegt (s. Abb. 2).

Es wurde bereits gesagt, dass künstliche neuronale Netze Ähnlichkeiten mit den Neuronen in unserem Gehirn aufweisen. Das heißt aber nicht, dass beide identisch sind. Das menschliche Gehirn diente als Inspiration für die

Entwicklung künstlicher neuronaler Netze, ist aber nicht gleichzusetzen mit ihnen. Einige Funktionsweisen von künstlichen Neuronen sind im menschlichen Gehirn nicht zu finden. Auch ist unser Gehirn optimiert darauf, viele verschiedene Aufgaben zu lösen. Ein künstliches neuronales Netz ist meist darauf trainiert, eine bestimmte Aufgabe zu bewältigen. Im Falle von Reeti ist es die Aufgabe, den Emotionsausdruck im Gesicht von Menschen zu erkennen. Um diese Aufgabe zu bewältigen, muss das neuronale Netz von Reeti trainiert werden. Hierfür verwendet man eine Vielzahl von Bildern, die die Emotionen zeigen, die Reeti später erkennen soll. Nehmen wir zum Beispiel an, dass Reeti lernen soll, Menschen mit glücklichen, traurigen oder wütenden Gesichtern zu erkennen. Dann wird Reeti im Training ein glückliches, trauriges und wütendes Bild nach dem anderen gezeigt. Dem neuronalen Netz von Reeti ein Bild zu zeigen, bedeutet, das Bild in seine einzelnen Bestandteile, die sogenannten Pixel, zu zerlegen und der ersten Schicht des neuronalen Netzes jedem Pixel ein Neuron zuzuordnen (s. Abb. 4). Ein Bild, das zum Beispiel aus 224×224 Pixeln besteht, hat in der ersten Schicht 50.176 Neuronen. Bei jedem Bild wird das neuronale Netz Reetis dann eine der möglichen Klassifikationen treffen. Anschließend bekommt er die Information, ob seine Klassifikation richtig oder falsch war. Dadurch passt er seine Gewichte an, die steuern, welches Neuron wann aktiviert wird. Diese Prozedur wird viele Male wiederholt, bis Reetis neuronales Netz die zu lernenden Emotionen bei den gezeigten Bildern gut unterscheiden kann. Dann kommt die Testphase. Hier werden Reeti andere Bilder von Gesichtern mit den gelernten Emotionsausdrücken als die im Training vorgelegten gezeigt. Bilder, die er zuvor noch nie gesehen hat. Damit möchte man sichergehen, dass Reeti nicht nur die Bilder, die er im Training gesehen hat, auswendig gelernt hat, sondern die für den Emotionsausdruck wichtigen Veränderungen im Gesicht.

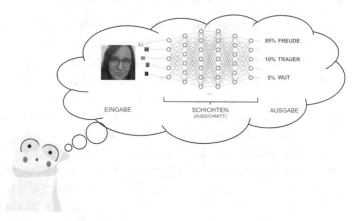

Abb. 4 Ablauf bei der Klassifikation von Emotionsausdrücken durch ein künstliches neuronales Netz. Ein Bild mit einem Emotionsausdruck wird in seine Pixel zerlegt, durch das neuronale Netz gesendet, um am Ende eine Klassifikation zu erhalten. (Foto: Katharina Weitz)

Sollte man der KI vertrauen?

In unserem Emotionsbeispiel hat das neuronale Netz von Reeti bereits in der ersten Schicht über 50.000 Neuronen. Die Verschaltungen zwischen den Neuronen und die unterschiedlichen Aktivierungen dieser übersteigen das, was wir erfassen können. Man kann auch sagen: Das künstliche neuronale Netz ist zu komplex, als dass wir auf einen Blick nachvollziehen können, ob es das gelernt hat, was es lernen soll. Was also tun in dieser Situation? Reeti vertrauen, dass er schon alles richtig macht und auf die richtigen Aspekte achtet, wenn er Emotionsausdrücke klassifiziert? Aber möchte man wirklich Systemen, die man nicht versteht und bei denen nicht sicher ist, ob und welche Fehler sie machen, vertrauen? Ist die Alternative, solch eine KI gar nicht einzusetzen? Die Vorteile, die uns

diese Systeme bescheren, würden wir dann einfach weg-
werfen. Die dritte Variante scheint vielversprechender zu
sein: nachvollziehbare und erklärbare KI zu schaffen.

Was hätte diese nachvollziehbare und erklärbare KI
dann für einen Einfluss auf unser Vertrauen? Dafür
muss man zunächst klären, was wir unter Vertrauen
überhaupt verstehen. Wenn man Vertrauen zwischen
Menschen betrachtet, gibt es unterschiedliche Verständ-
nisse, was Vertrauen hier eigentlich meint. Manche verstehen darunter eine dauerhafte Einstellung (Rotter
1967), andere wiederum sehen Vertrauen eher als zeitlich
variabel und veränderbar (Driscoll 1978; Kee und Knox
1970). Wie sieht es beim Vertrauen zwischen Mensch
und Maschine aus? Für die Mensch-Maschine-Interaktion
ist folgende Definition sehr beliebt: Vertrauen wird als
die Einstellung gesehen, dass ein Agent in einer von
Unsicherheit und Verwundbarkeit geprägten Situation zur
Erreichung der Ziele eines Individuums beitragen wird
(Lee und See 2004, S. 51). Ein Agent kann zum Beispiel
ein Roboter wie unser Reeti sein. Oder ein Sprachassistent
wie Siri oder Alexa. Ob Menschen Maschinen vertrauen,
hängt sehr stark von verschiedenen Aspekten ab. So entwickelten Hoff und Bashir (2015) einen theoretischen
Ansatz, bei dem sie zwischen dispositonalen, situationalen
und gelernten Vertrauen unterschieden. Dispositionales
Vertrauen meint dabei die langfristigen Tendenzen, die
ein Mensch, unabhängig von der jeweiligen Situation,
hat. Hier spielen zum Beispiel das Alter der Person, aber
auch Faktoren wie Geschlecht, kultureller Hintergrund
und Persönlichkeit eine Rolle. Situationales Vertrauen
beschreibt externale, also äußere Einflüsse wie zum Beispiel die Art des Systems, dem Nutzer:innen ausgesetzt
sind, aber auch Aspekte wie die kognitive Beanspruchung
in der Situation oder die Aufgabe, die in der Situation zu
bewältigen ist, spielen eine Rolle. Neben den externalen

Faktoren gibt es zusätzlich noch internale, also im Menschen verankerte, Aspekte, wie zum Beispiel die Stimmung oder die Selbstsicherheit der Nutzer:in. Gelerntes Vertrauen wiederrum bezieht sich auf das Vertrauen, dass jemand bereits aufgrund von Vorerfahrungen entwickelt hat.

Als wäre das alles noch nicht umfangreich genug, ist Vertrauen ein Oberbegriff, der nochmals unterteilt werden kann. Es gibt zum Beispiel die Unterteilung in Vertrauen, Nicht-Vertrauen und Misstrauen (Marsh und Dibben 2005). Nicht-Vertrauen meint dabei ein negatives Vertrauens-Level, während sich Vertrauen auf ein positives Vertrauens-Level bezieht. Misstrauen kann eher als „fehlgeleitetes Vertrauen" verstanden werden, das durch Verrat oder Täuschung entsteht.

In vielen Studien zeigt sich, dass zahlreiche Faktoren einen Einfluss haben, ob Menschen Agenten oder Robotern vertrauen.

In der Studie von Petrak et al. (2019) zeigte sich zum Beispiel, dass das Navigationsverhalten eines Roboters in virtueller Realität beim ersten Kennenlernen von Roboter und Mensch einen Einfluss auf das Vertrauen des Menschen hat. Der Roboter, der Nutzer:innen folgte und mit ihnen den Raum erkundete, wurde als vertrauensvoller wahrgenommen als ein Roboter, der selbstständig den Raum erkundete.

Wenn es nun darum geht, KI bei Entscheidungen, die sie trifft und erklärt, zu vertrauen, ist anzunehmen, dass die Art, wie die Erklärungen vermittelt werden, einen Einfluss auf das Vertrauen von Menschen hat. So konnten zum Beispiel Weitz et al. (2019c) in einer Studie zeigen, dass Menschen, die sich die Erklärungen für die Klassifikationen eines Spracherkenners anschauen, dem System mehr vertrauen, wenn ein virtueller Agent diese Erklärungen präsentiert.

Wie können wir sichtbar machen, was die KI denkt?

Wir haben gesehen, wie Reeti Emotionsausdrücke mithilfe von Bildinformationen erkennen kann. Nun könnte Reeti aber nicht nur sagen, welche Emotion er gerade erkannt hat, er könnte auch begründen, warum er denkt, einen bestimmten Emotionsausdruck erkannt zu haben. Der Aufgabe, KI nachvollziehbar und erklärbar zu machen, widmet sich der Forschungsbereich der Erklärbaren Künstlichen Intelligenz (auf Englisch: Explainable AI, kurz: XAI).

Wie reagieren Menschen auf Reeti, der erklärt, auf was er achtet, wenn er Emotionsausdrücke erkennt? Nun, das kommt einmal darauf an, wie die Erklärungen aussehen. Ein großer Bereich der Erklärbaren-KI-Forschung beschäftigt sich mit der Visualisierung von relevanten Bereichen, die für die KI bei der Klassifikation wichtig waren. Dabei können die Visualisierungen sehr unterschiedlich aussehen (s. Abb. 5). Das Verfahren LIME (das für Local Interpretable Model-Agnostic Explanations steht) visualisiert Bereiche im Gesicht, die für Reeti wichtig waren bei der Klassifikation einer bestimmten Emotion als grüne Superpixel, während Bereiche, die gegen die Klassifikation sprechen, als rote Superpixel dargestellt werden (Ribeiro et al. 2016). LRP (Layerwise-Relevance Propagation) nennt sich ein anderes Verfahren, dass relevante Pixel farblich hervorhebt. In dem Beispiel in Abb. 5 ist das die Farbe Rot. Je kräftiger die Farbe im Bild, desto relevanter waren diese Pixel für die Entscheidung (Bach et al. 2015). Selvaraju et al. (2017) hingegen stellen ihre Visualisierungen als Heatmaps dar.

Abb. 5 Darstellung verschiedener Erklärbare-KI-Visualisierungen. Links: LIME, Mitte: LRP, Rechts: Grad-CAM. (Foto: Katharina Weitz)

Hier stellen rote Flächen sehr relevante Bereiche dar. Je mehr der Farbverlauf in Blau- und Lilatöne verläuft, desto weniger relevant waren die Bereiche für die Klassifikation. Die Visualisierungen hängen also vom Algorithmus ab, den man verwendet (Weitz et al. 2019b). Daher kann es sein, dass das Vertrauen von Menschen in Erklärbare KI Systeme davon abhängt, welche Art der Visualisierung man ihnen zeigt. Ein weiterer wichtiger Punkt ist, dass die in Abb. 5 gezeigten Bilder alleine noch keine Erklärung sind. Sie tragen zur Erklärung bei, müssen aber interpretiert werden. Es wäre also für eine Erklärung sehr hilfreich, wenn Reeti nicht nur zeigen könnte, wohin er geschaut hat, sondern auch noch sprachliche Interpretationen für die Visualisierungen liefert. Zum Beispiel könnte er sagen: „An deinem Mund habe ich erkannt, dass du gerade freudig schaust. Du hast deine Mundwinkel nach oben gezogen, das habe ich als ein Lächeln gedeutet." Forscher:innen arbeiten daran, solche sprachlichen Erklärungen zu generieren (Rabold et al. 2019; Stange und Kopp 2020).

Wie gehen Ethik und KI zusammen?

Nun ist es ganz unterhaltsam, sich vorzustellen, wie Reeti unser Roboter versucht, unsere Emotionsausdrücke zu erkennen und seine Entscheidungen zu erklären. Neben diesem unterhaltsamen Beispiel kann KI zur Emotionserkennung in Bereichen eine hilfreiche Unterstützung sein, in denen technische Systeme Nutzer:innen als Assistent:in, Gefährt:in oder Lehrer:in zur Seite stehen sollen. Dies ist zum Beispiel der Fall bei Systemen mit KI, die ältere Menschen in ihrem Alltag unterstützen sollen, oder einer KI, die als Bewerbungstrainer eingesetzt werden kann. Wenn wir Reeti oder andere KI-Systeme in solchen Bereichen einsetzen möchten, kommen wir nicht darum herum, uns auch über ethische Aspekte Gedanken zu machen. So zeigt zum Beispiel eine Vielzahl von Studien, dass Menschen auf Computer ähnlich reagieren wie auf andere Menschen. Ohne dass es ihnen bewusst ist, erwarten viele Menschen, dass Computer soziale Normen erfüllen und beispielsweise Bedauern äußern, wenn die Software einmal nicht einwandfrei funktionieren sollte. Jeder hat wohl schon einmal eine Meldung wie „Entschuldigung, es ist ein Fehler passiert. Das Programm wird beendet" erhalten, wenn er oder sie mit einem Programm auf dem Computer gearbeitet hat. Sprachassistenten wie Alexa oder Siri verstehen manchmal nicht, was wir sagen und entschuldigen sich dann bei uns. Wir Menschen kennen aber noch viele weitere soziale Normen, die in sozialen Interaktionen von Bedeutung sind. Die Frage ist, welche Normen und Werte möchten wir in unsere Roboter wie Reeti und andere KI-Systeme geben? Neben dieser Frage gilt es auch zu überlegen, ob wir vielleicht unbeabsichtigt Normen vermitteln, die auf eine fehlende Diversität in unserer Gesellschaft hinweisen.

Ein anschauliches Beispiel ist hier die von den Medien als „Rassistische KI" betitelte Objekterkennung von Google. Daten sind das Einzige, was auch das neuronale Netz von Google für sein Lernen heranzieht. Daher sollten diese Daten die Realität ziemlich gut abbilden. Wenn dies nicht der Fall ist, kommt es zu Fehlschlüssen. Das neuronale Netz von Google sollte Objekte erkennen und klassifizierte dunkelhäutige Menschen als Gorillas[1]. Der Fehler lag in dem Datensatz, der zum Lernen verwendet wurde. Hier waren kaum oder keine dunkelhäutigen Menschen in den Bildern vertreten. Dies führte dazu, dass das Netz eine Klasse, die ähnliche Merkmale zeigte, hier also die Gorillas, die ein dunkles Fell und eine dunkle Hautfarbe haben, für die Klassifikation verwendete. Was man nicht vergessen darf, ist das „Garbage-in- – Garbage-out"-Prinzip. Wenn die Daten, mit denen die künstlichen neuronalen Netze trainiert werden, schlecht sind, indem sie zum Beispiel Vorurteile oder Probleme der Gesellschaft (im Beispiel von Google eine fehlende Diversität) enthalten, wird auch die KI diese Fehler und beschränkte Sichtweise übernehmen. Sind wir nun mit erklärbarer KI für diese Problematiken gewappnet? Jein. Die derzeitigen Verfahren sind ein guter Anfang, aber es gibt noch viel zu tun. Wir brauchen Erklärungen, die möglichst aussagekräftige Informationen liefern. Visualisierungen sind da nicht ausreichend. Und das Ganze muss verständlich sein, nicht nur für KI-Experten, sondern auch für Endnutzer. Es gilt herauszufinden: Wie sieht eine gute Erklärung über KI-Systeme aus? Wann brauchen wir Erklärungen? Wie viele Details darf die Erklärung haben, ohne Endnutzer zu überfordern? Wie garantieren wir, dass die Erklärungen auch den Inhalt vermitteln, den sie transportieren sollen? Das ist eine der Herausforderungen der derzeitigen Forschung und Entwicklung von KI.

Den Wunsch nach einer nachvollziehbaren und menschenzentrierten KI sprach auch die Europäische Kommission aus. Sie veröffentlichte im April 2019 Richtlinien für einen vertrauenswürdigen, menschenzentrierten Einsatz von KI[2]. Diese Richtlinien zeigen einerseits, welche Werte und Normen Europa für die Zukunft mit KI setzen will. Anderseits zeigte die Entwicklung des Dokuments unter Berücksichtigung von Wissenschaftler:innen, Firmen und Politiker:innen in ganz Europa, dass viele Ansichten, Vorstellungen und Erwartungen aufeinanderstießen. Die Debatte ist wertvoll und die ungeklärten Unstimmigkeiten weisen darauf hin, dass noch viel getan werden muss. Diese Diskussionen und Debatten werden uns helfen, die Möglichkeiten, die uns KI gibt, zu nutzen und uns gleichzeitig umfassend mit den kritischen Aspekten dieser Thematik auseinanderzusetzen.

Wohin führt uns die KI-Forschung?

Unser Roboter Reeti, der Emotionen erkennt, war natürlich nur ein Beispiel. Aber wie wird es in Zukunft im Bereich der „sozialen" KI aussehen? In der Forschung wird an Simulationsmodellen gearbeitet, die menschliche emotionale Kompetenz, zum Beispiel Empathie (André 2014) nachzubilden versuchen. Dadurch können nicht nur Emotionen des menschlichen Gegenübers erfasst werden, sondern man ermöglicht der KI, angemessen auf die Emotionen der Person zu reagieren. Eine sehr einfache Methode, die man hier verwendet, ist das Spiegeln der vom Menschen gezeigten Emotion: Schaut eine Person traurig und ein Roboter, der KI verwendet, reagiert mit einem traurigen Blick als Antwort, kann dies als mitfühlende Geste interpretiert werden. Nicht immer ist es aber wünschenswert, Emotionen zu spiegeln. Der Roboter wird eine aggressive Person kaum mit einem ebenfalls aggressiven Emotionsausdruck beruhigen können. Deeskalationsstrategien wären hier ein besserer Ansatz. Zu entscheiden, wann welche Strategie am besten zum Einsatz kommt, ist eine große Herausforderung. Wir Menschen treffen solche Entscheidungen immer unter Bezugnahme der eigenen Erfahrungen und dem Kontext, in dem wir uns gerade befinden. Wir werden uns in einem Bewerbungsgespräch gegenüber einer Person, die unfreundlich zu uns ist, anders verhalten als im vertrauten Kreise unserer Familie. Um angemessen reagieren zu können, benötigt auch KI solche Informationen. Diese zu erfassen und auszuwerten, stellt bis heute noch eine große Herausforderung dar (Schiller et al. 2019). Forschungsprojekte wie EmmA[3] oder VIVA[4] widmen sich dieser Thematik.

Forschungsprojekte

EmmA und VIVA sind Forschungsprojekte am Lehrstuhl für Multimodale Mensch-Technik-Interaktion der Universität Augsburg, die vom Bundesministerium für Bildung und Forschung gefördert werden.

Das Ziel des Projektes EmmA ist es, ein interaktives, mobiles, Assistenzsystem zu entwickeln, das bei psychischer Belastung individuell berät und darüber hinaus zur Gefährdungsbeurteilung am Arbeitsplatz sowie der betrieblichen Wiedereingliederung nach einer psychischen Erkrankung genutzt werden kann.

Das Projekt VIVA hat sich zum Ziel gesetzt, einen vertrauenswürdigen, lebendigen sozialen Roboter, der von Nutzern im privaten Umfeld als attraktive Bereicherung empfunden wird, zu entwickeln. VIVA soll das persönliche psychische Wohlbefinden der Nutzer verbessern und sie bei der Pflege von Sozialkontakten unterstützen.

Ein weiterer Anwendungsbereich ist die Unterstützung von Krankenhaus- und Pflegepersonal beim Monitoring von Demenzpatient:innen, die nicht mehr in der Lage sind, Schmerzen verbal auszudrücken (Weitz et al. 2019b). Es gibt also schon viele Ideen, wo wir Roboter wie Reeti, der mit einer KI ausgestattet ist, einsetzen könnten. Um in Zukunft solche Systeme mit dem Gedanken an eine menschenzentrierte KI zu nutzen, müssen Aspekte von Vertrauen, Nachvollziehbarkeit, Transparenz, Sicherheit und Ethik Berücksichtigung finden und noch weiter erforscht werden.

Anmerkungen

1. https://www.spiegel.de/netzwelt/web/google-fotos-bezeichnet-schwarze-als-gorillas-a-1041693.html
2. https://ec.europa.eu/futurium/en/ai-alliance-consultation
3. https://www.uni-augsburg.de/de/fakultaet/fai/informatik/prof/hcm/forschung/emma/
4. https://www.uni-augsburg.de/de/fakultaet/fai/informatik/prof/hcm/forschung/viva/

Literatur

André, Elisabeth. (2014). Lässt sich Empathie simulieren? Ansätze zur Erkennung und Generierung empathischer Reaktionen anhand von Computermodellen. *Nova Acta Leopoldina NF, 120*(405), 81–105.

Bach, S., Binder, A., Montavon, G., Klauschen, F., Müller, K. R., & Samek, W. (2015). On Pixel-Wise Explanations for Non-Linear Classifier Decisions by Layer-Wise Relevance Propagation. *PLoS ONE 10*(7), e0130140. https://doi.org/10.1371/journal.pone.0130140.

Driscoll, J. W. (1978). Trust and participation in organizational decision making as predictors of satisfaction. *Academy of Management Journal, 21,* 44–56. https://doi.org/10.5465/255661.

Hoff, K. A., & Bashir, M. (2015). Trust in automation: Integrating empirical evidence on factors that influence trust. *Human Factors, 57*(3), 407–434.

Kee, H. W., & Knox, R. E. (1970). Conceptual and methodological considerations in the study of trust and suspicion. *Journal of Conflict Resolution, 14*(3), 357–366.

Krizhevsky, A., Sutskever, I., & Hinton, G. E. (2012). Imagenet classification with deep convolutional neural networks. In Advances in neural information processing systems (S. 1097–1105).

Lee, J. D., & See, K. A. (2004). Trust in automation: Designing for appropriate reliance. *Human Factors, 46,* 50–80. https://doi.org/10.1518/hfes.46.1.50_30392.

Marsh, S., & Dibben, M. R. (2005). Trust, untrust, distrust and mistrust–an exploration of the dark (er) side. In *International conference on trust management* (S. 17–33). Springer, Berlin, Heidelberg.

McCorduck, P., & Cfe, C. (2004). *Machines who think: A personal inquiry into the history and prospects of artificial intelligence.* CRC Press, Boca Raton.

Petrak, B., Weitz, K., Aslan, I., & Andre, E. (2019). Let me show you your new home: studying the effect of proxemic-awareness of robots on users' first impressions. In *2019 28th IEEE international conference on robot and human interactive communication (RO-MAN)* (S. 1–7). IEEE.

Rabold, J., Deininger, H., Siebers, M., & Schmid, U. (2019). Enriching visual with verbal explanations for relational concepts–combining LIME with Aleph. arXiv preprint arXiv:1910.01837.

Ribeiro, M. T., Singh, S., & Guestrin, C. (2016). "Why should i trust you?" Explaining the predictions of any classifier. In *Proceedings of the 22nd ACM SIGKDD international conference on knowledge discovery and data mining* (S. 1135–1144).

Ritschel, H., & André, E. (2018). Shaping a social robot's humor with natural language generation and socially-aware reinforcement learning. In *Proceedings of the workshop on NLG for human–robot interaction* (S. 12–16).

Ritschel, H., Janowski, K., Seiderer, A., & André, E. (2019a). Towards a robotic dietitian with adaptive linguistic style. In E. C. Strinati, D. Charitos, I. Chatzigiannakis, P. Ciampolini, F. Cuomo, P. Di Lorenzo, D. Gavalas, S. Hanke, A. Komninos, & G. Mylonas (Hrsg.), AmI 2019: Poster and workshop sessions of AmI-2019; Joint Proceeding of the poster and workshop sessions of AmI-2019, the 2019 European conference on ambient intelligence, Rome, Italy, November 13–15, 2019. CEUR-WS, 16.

Ritschel, H., Seiderer, A., Janowski, K., Wagner, S., & André, E. (2019b). Adaptive linguistic style for an assistive robotic health companion based on explicit human feedback. In *Proceedings of the 12th ACM international conference on PErvasive technologies related to assistive environments* (S. 247–255). https://doi.org/10.1145/3316782.3316791.

Rotter, J. B. (1967). A new scale for the measurement of interpersonal trust. *Journal of Personality, 35,* 651–665. https://doi.org/10.1111/j.1467-6494.1967.tb01454.x.

Schiller, D., Weitz, K., Janowski, K., & André, E. (2019). Human-inspired socially-aware interfaces. In *international conference on theory and practice of natural computing* (S. 41–53). Springer, Cham.

Selvaraju, R. R., Cogswell, M., Das, A., Vedantam, R., Parikh, D., & Batra, D. (2017). Grad-cam: Visual explanations from deep networks via gradient-based localization. In *Proceedings of the IEEE international conference on computer vision* (S. 618–626).

Stange, S., & Kopp, S. (2020). Effects of a social robot's self-explanations on how humans understand and evaluate its behavior. In *Proceedings of the 2020 ACM/IEEE international conference on human-robot interaction*.

Weitz, K., Johren, F., Seifert, L., Li, S., Zhou, J., Posegga, O., & Gloor, P. A. (2019a). The Bezos-Gate: Exploring the online content of the Washington post. In *Collaborative Innovation Networks* (S. 75–90). Cham: Springer. https://doi.org/10.1007/978-3-030-17238-1_4.

Weitz, K., Hassan, T., Schmid, U., & Garbas, J. U. (2019b). Deep-learned faces of pain and emotions: Elucidating the differences of facial expressions with the help of explainable AI methods. *tm-Technisches Messen, 86*(7–8), 404–412. https://doi.org/10.1515/teme-2019-0024.

Weitz, K., Schiller, D., Schlagowski, R., Huber, T., & André, E. (2019c). "Do you trust me?" Increasing user-trust by integrating virtual agents in explainable AI interaction design. In *Proceedings of the 19th ACM international conference on intelligent virtual agents* (S. 7–9). https://doi. org/10.1145/3308532.3329441.

Katharina Weitz studierte Informatik und Psychologie an der Universität Bamberg. Im Rahmen ihres Studiums war sie am Deutschen Zentrum für Luft- und Raumfahrt sowie am Fraunhofer Institut IIS tätig. Seit Oktober 2018 arbeitet sie als wissenschaftliche Mitarbeiterin am Lehrstuhl für Multimodale Mensch-Technik Interaktion der Universität Augsburg. Hier forscht sie im Bereich des Maschinellen Lernens und Künstlicher Intelligenz. Neben der Frage, wie man Roboter lebendiger und sozialer gestalten kann erforscht sie Methoden, die Künstliche Intelligenz für Menschen erklärbar und transparent machen sollen. Katharina Weitz unterstützt eine menschenzentrierte Nutzung Künstlicher Intelligenz und ist interessiert an ethischen Fragestellungen, die sich in diesem Kontext ergeben. Neben ihrer Forschungstätigkeit ist ihr die Vermittlung von Wissenschaftserkenntnissen an die breite Öffentlichkeit ein großes Anliegen.

Robotik in der Psychotherapie: Anwendungsfelder – Effektivität – Praxisbeispiele

Christiane Eichenberg

Einleitung

In der Vergangenheit wurden alle Medien auch für die Psychotherapie genutzt – wie zu Beginn das Telefon z. B. im Bereich der Telefonseelsorge, dann das Internet, Smartphones und verschiedene Anwendungen wie zum Beispiel Virtuelle Realitäten oder Serious Games als Adjuvant in der Psychotherapie (Eichenberg und Kühne 2014). Somit verwundert nicht, dass seit wenigen Jahren auch über das therapeutische Potenzial von Robotern diskutiert wird (David et al. 2014). Robotik, als ein interdisziplinäres Forschungsfeld, wird nun als modernste

C. Eichenberg (✉)
Wien, Österreich
E-Mail: eichenberg@sfu.ac.at

M. C. Bauer und L. Deinzer (Hrsg.), *Bessere Menschen?*
Technische und ethische Fragen in der transhumanistischen Zukunft,
https://doi.org/10.1007/978-3-662-61570-6_6

E-Mental-Health-Technologie auch zunehmend mehr in der Psychotherapieforschung berücksichtigt (Costescu et al. 2014). Robotik in der Psychotherapie wird als *„robotic psychology"*, *„robopsychology"* oder *„robot-based psychotherapy"* (David et al. 2014) bezeichnet. Eine der ersten Definitionen von „Robotherapy" wurde bereits zu Beginn der Jahrtausendwende vorgeschlagen und zwar wie folgt: "Robotherapy is defined as a framework of human-robotic creature interactions aimed at the reconstruction of a person's negative experiences through the development of coping skills, mediated by technological tools in order to provide a platform for building new positive experiences." (Libin und Libin 2003, S. 370). Diese Definition bezieht sich auf einen Ansatz der Verhaltensänderungen, die durch Roboter unterstützt werden, und somit auf eine verhaltenstherapeutische Perspektive. Insgesamt wurden alle Medien im E-Mental-Health-Bereich zunächst von der Verhaltenstherapie adaptiert (Eichenberg und Küsel 2016), da die hier immanenten therapeutischen Prinzipien (z. B. übende Verfahren, die strukturiert und oftmals manualisiert sind) einfacher mit einer Medienunterstützung kombinierbar sind. Allerdings zeigte sich im Verlaufe der E-Mental-Health-Forschung und -Praxis, dass auch andere therapeutische Orientierungen wie die Psychodynamische Psychotherapie (Eichenberg und Hübner 2018) Konzepte entwickelten, um digitale Medien in die Therapie zu integrieren. Daher wird eine allgemeinere und deskriptive Definition vorgeschlagen, um die Bandbreite bereits vorhandener aber auch potenzieller Anwendungsszenarien abbilden zu können. Im allgemeinsten Sinne kann daher „Robotherapy" als Integration von Robotik als adjuvante Technologie für psychotherapeutische Zielsetzungen verstanden werden.

In der Forschung zu Robotik in der Psychotherapie sind daher als Untersuchungsgegenstände zentral: zum einen die Frage danach, auf welche Weise Roboter in der Psychotherapie eingesetzt werden können und zum anderen, wie die Psychotherapieforschung mit ihren Erkenntnissen die Konstruktion von Robotern interdisziplinär unterstützen kann. Diese Fragen können jedoch nicht pauschal, sondern nur spezifisch für verschiedene Arten von Robotern beantwortet werden. Die nachfolgende Systematisierung basiert auf Eichenberg und Küsel (2018).

Software-Roboter (Softbots) und virtuelle Agenten. Nicht physisch greifbare Roboter in Form von *Avataren* sind in der Psychotherapie nicht neu. Reine Gesprächsprogramme, die eine menschliche Interaktion führen können, existierten bereits 1966 in Form einer Simulation namens „Eliza", entwickelt von dem Informatiker und Gesellschafts- und Wissenschaftskritiker Joseph Weizenbaum (1966). Das Programm konnte mehrere (einfache) Gesprächssituationen bewältigen und war eine vereinfachte Simulation eines Psychotherapeuten, der die non-direktive Methode der klientenzentrierten Psychotherapie von Carl Rogers verwendet. Allerdings war Weizenbaum über die Reaktionen auf Eliza selbst verwundert. So wird anekdotisch berichtet, dass seine eigene Sekretärin Eliza nutzte und dafür ihren Chef bat, ungestört zu sein (https://www.manager-magazin.de/lifestyle/artikel/kuenstliche-intelligenz-unsere-fremde-verwandtschaft-a-1202284-2.html). Eine Version von Eliza kann auch heute noch getestet werden (www.masswerk.at/elizabot/). Inzwischen werden Softbots v. a. in Form von *Chatbots* auch für psychotherapeutische Zwecke genutzt (s. Kap. 4). Dabei werden textbasierte, sprachbasierte und relationale Chatbots unterschieden, wobei Letztere in der Lage sind, menschliche Fähigkeiten in Gesprächen einschließlich sozialer, emotionaler und relationaler Dimensionen natürlicher Gespräche zu simulieren (Bendig et al. 2019).

Für einen generellen Überblick zur Software-Robotik/ Virtuellen Agenten sei auf Barolli et al. (2019) verwiesen.

Humanoide Roboter. Roboter als intelligente artifizielle Systeme können auch physisch greifbar sein und sind im Aussehen dem Menschen nachempfunden (für Beispiele siehe unten). Sie können – je nach Typus – autonom, semi-autonom oder auch fremdgesteuert agieren (David et al. 2014). Dabei können physische greifbare Roboter in zwei Kategorien unterteilt werden (siehe Libin und Libin 2004):

1. *Assistive Roboter* sind vor allem Unterstützungssysteme, die bereits seit Längerem in der Pflege und Medizin eingesetzt werden.
2. Im Bereich der Dienstleistungen, zu Unterhaltungszwecken aber auch für psychotherapeutische Interventionen werden *soziale Roboter* eingesetzt (zur Übersicht s. Kap. 1; für das spezifische Anwendungsfeld in der Sexualtherapie s. Kap. 3). Sie sind oftmals anthropomorph gestaltet und verfügen – anders als assistive Roboter – zusätzlich über soziale Ausdrucksformen. In diesem Kontext hat sich ein Forschungsfeld entwickelt, das danach fragt wie Roboter beschaffen sein sollten, damit Menschen die Interaktion mit ihnen akzeptieren oder sogar eine Bindung zum Roboter entwickeln können. Wir wissen bisher, dass die grundsätzliche Akzeptanz von der individuellen Einstellung, der „signifikant Anderer" sowie der gesellschaftlichen Haltung insgesamt beeinflusst wird. Für die Akzeptanz ist zudem entscheidend, dass der Roboter eine Bandbreite sozialer Fähigkeiten hat, was einschließt, dass der Roboter Gefühle ausdrücken kann und auch Fehler macht, d. h. eigene Unzulänglichkeiten eingestehen kann (Heerink et al. 2008).

Soziale Roboter in der Psychotherapie: Übersicht

Um zu analysieren, ob und auf welche Weise soziale Roboter für psychotherapeutische Ziele eingesetzt werden können bzw. welche (evaluierten) Anwendungen ggf. bereits vorliegen, gibt es bereits erste Reviews. Scoglio et al. (2019) konnten $N = 12$ Studien identifizieren, in denen soziale Roboter zur Förderung psychischer Gesundheit eingesetzt wurden. Als Haupteinsatzbereiche konnten Stressreduktion, Motivationsaufbau und Begleitung herausgearbeitet werden. In den Studien kamen zudem 5 verschiedene soziale Roboter zum Einsatz (Paro, NAO, CRECA, Betty und Haptic Creature).

Auch von Eichenberg und Küsel (2018) wurde eine Literaturrecherche durchgeführt. Ziel war, die recherchierten Modellprojekte und erste Studien hinsichtlich verschiedener Anwendungsfelder in der Psychotherapie zu analysieren. Als Ergebnis zeigte sich, dass Roboter zur Unterstützung von emotionalen, kognitiven und sozialen Prozessen eingesetzt wurden. Im Folgenden werden für jeden Bereich exemplarische Anwendungen vorgestellt und die von Eichenberg und Küsel (2018) dargestellten Beispiele hier aufgegriffen und um weitere aktuelle Studien ergänzt.

Unterstützung von emotionalen Prozessen

Roboter können starke emotionale Reaktionen auslösen (Döring et al. 2015). Sie werden z. B. dazu eingesetzt, um die Einsamkeit bei älteren Menschen zu reduzieren. Eine Untersuchung zeigte, dass Bewohner eines Altenheims signifikant weniger unter Einsamkeit litten, wenn sie mit einem sog. „Companion Robot" interagierten

(Robinson et al. 2013). Das Projekt „Companion Robot" beschäftigte sich damit, wie ein Roboter – hier in Form eines übergroßen Bären – einen proaktiven Dialog mit depressiven Älteren führen kann (Zhang et al. 2014). (http://mohammadmahoor.com/companionbots-for-proactive-dialog-on-depression/). Auch Lane et al. (2016) konnten in einem Pre-Post-Design zeigen, dass die Interaktion von Altenheimbewohnern mit Paro (s. Abb. 1 und Kasten) ihre Stimmung signifikant verbesserte bzw. Emotionen wie Angst, Depression und Aggression sich verringerten (Wada et al. 2014). Moyle et al. (2016) wiesen die Verbesserung des Wohlbefindens auch in einer randomisiert-kontrollierten Studie für Altenheimbewohner mit Demenz nach, auch wenn nicht alle Teilnehmer gleichermaßen von Paro profitierten.

Die vorliegenden Studien zeigen insgesamt, dass die Interaktion mit einem tierähnlichen Roboter das Wohlbefinden und die Aktivität steigert und es ebenso möglich ist, dass

Abb. 1 Legende: Roboterrobbe „Paro", Tekniska museet/Peter Häll, CC BY-SA 4.0, https://digitaltmuseum.se/021027754238/ TEKS0057912

eine Beziehung zwischen älteren Menschen und dem Roboter entsteht (Nunez und Rosenthal-von der Pütten 2018; Šabanovi et al. 2013).

Paro

„Paro" (http://www.parorobots.com) ist 60 cm lang, hat die Gestalt einer Baby-Robbe und ist mit einem flauschigen Fell ausgestattet. Paro wird von Takanori Shibata (National Institute of Advanced Industrial Science and Technology, Japan) seit 1993 entwickelt, 8 Jahre später das erste Mal der Öffentlichkeit präsentiert und seit 2004 wird die Robbe verkauft. Seitdem wird Paro kontinuierlich erforscht. Er ist mit verschiedenen Berührungs-, Licht-, Akustik-, Temperatur- und Bewegungssensoren ausgestattet; über taktile Sensorik kann der Roboter so z. B. wahrnehmen, auf welche Weise eine Person ihn streichelt. Darauf reagiert Paro mit Bewegungen des Kopfes und des Schwanzes; er reagiert auf Geräusche und animiert zu Interaktionen, indem er z. B. Laute macht, die einer echten kleinen Robbe ähneln. Paro hat einen Tag- und Nachtrhythmus, d. h. er wurde so programmiert, dass er nur tagsüber aktiv ist. Insgesamt soll Paro Patienten in Einrichtungen, in denen lebende Tiere möglicherweise mit Behandlungs- oder logistischen Schwierigkeiten konfrontiert sind, einen ähnlichen Nutzen bieten wie die Tiergestützte Therapie. Auch in Deutschland wird Paro eingesetzt, vor allem in Pflegeeinrichtungen.

Unterstützung von kognitiven Prozessen

Die Unterstützung von kognitiven Prozessen durch Roboter ist ebenso aussichtsreich, da die Interaktion anregender empfunden wird als z. B. mit einem Videospiel. Der Einsatz von Robotern führt zu einer verbesserten Aufgabenbewältigung, vor allem bei älteren Demenzkranken (Costescu et al. 2015), aber auch bei Studierenden, die in der Interaktion mit NAO (s. Abb. 2 und Kasten) eine höhere Motivation zeigten, Aufgaben zu lösen (Galvão Gomes da Silva et al. 2018).

Abb. 2 Legende: Nao, HTWK Leipzig – Nao-Team, https://
commons.wikimedia.org/wiki/File:HTWK_Leipzig_-_Nao-Team.jpg

NAO

NAO   (https://www.softbankrobotics.com/emea/en/nao),
einst vom französischen Roboterhersteller Aldebaran
Robotics entwickelt, hat ein humanoides Aussehen. Es
gibt verschiedene Ausführungen, die gebräuchlichste
ist 58 cm groß und wiegt 5,5 kg. Der Roboter ist voll
programmierbar. Er verfügt über mehrere Sensoren
für Berührungs-, Ton-, Sprach- und visuelle Erkennung.
NAO ist auch in der Lage, sich zu bewegen. Seine
Standard-Gehgeschwindigkeit beträgt 0,2 Meilen pro
Stunde. NAO interagiert mit seinen Benutzern über ein
Audiosystem, häufig mit begleitenden Bewegungen
und Lichtern. Er verfügt über Spracherkennung und der
Dialog mit NAO ist in 20 Sprachen verfügbar. Es wurde in
der Forschung bei Kindern mit Entwicklungsstörungen
oder Behinderungen eingesetzt. NAO wird aber auch zur
Motivationsförderung oder als Begleitroboter verwendet.

Unterstützung von sozialen Prozessen

Humanoide Roboter werden bisher am häufigsten in der Autismus-Therapie eingesetzt mit dem Ziel, die Imitationsfähigkeiten zu verbessern und vor allem Kinder zu animieren, in Interaktionen zu treten (Warren et al. 2015). Das Projekt mit dem Roboter „Zeno" (s. Abb. 3 und Kasten) zeigte dabei, dass in der Interaktion autistische Kinder unterstützt werden, Emotionen zu erkennen. Zeno hat ein Gesicht aus Silikon mit realistischen Augen, sodass unterschiedliche Mimiken erkannt und nachgeahmt werden können. Er ist dazu in der Lage, die konkrete Mimik seines Gegenübers zu erfassen und entsprechend dieser zu interagieren. So zeigt er z. B. Mitgefühl, wenn die Person gegenüber traurig ist. Zeno nimmt dann selbst einen traurigen Gesichtsausdruck an und hilft durch dieses Spiegeln dabei, dass autistische Kinder spielerische Lernerfahrungen zu Emotionen und Mimik machen.

Zeno

Zeno (https://www.hansonrobotics.com/zeno/), entwickelt von M. H. Mahoor, University of Denver, USA, ein humanoider Roboter mit seinen charakteristischen strubbeligen Haaren, besitzt einen sehr fortgeschrittenen, differenzierten Gesichtsausdruck. Diese Technologie macht ihn gut nutzbar für Therapien, die sich auf Emotionen und soziale Beziehungen fokussieren. Zeno ist 56 cm hoch. Der Roboter kann gehen und seine Arme bewegen. Der Roboter ist mit einer Kamera, 8 Mikrofonen, einem Tachometer und einem Kompass ausgestattet. Der Roboter spricht 26 verschiedene Sprachen und verfügt über ein Touch-Display auf der Brust, mit dem er gesteuert werden kann.

Abb. 3 Legende: Roboter „Zeno", Duncan Hull, Flickr user Robokind, CC BY 2.0, https://www.flickr.com/photos/dullhunk/26386411559

In der Studie von Mavadati et al. (2016) wurde ein roboterbasiertes Interventionsprotokoll für autistische Kinder entwickelt und evaluiert. Zum Einsatz kam „Nao", der das behaviorale Training unterstützen sollte. Die Befunde ergaben, dass sich bei den Kindern das eigene Zeigen und Erkennen von Mimik signifikant verbesserte. Die durch Nao neu erlernten Verhaltensreaktionen konnten dann in den weiteren Therapiesitzungen mit dem Therapeuten verbessert und verfeinert werden.

Ein weiteres Anwendungsfeld im Bereich sozialer Prozesse ist die Nutzung von Sexrobotern für sexualtherapeutische Ziele.

Roboter in der Sexualtherapie

Im Bereich der Mensch-Roboter-Interaktion hat die Rolle von Sexrobotern das öffentliche Interesse geweckt. In der therapeutischen Debatte um Sexualroboter ist zentral, wie Psychologen und Therapeuten Sexroboter definieren. Der Begriff „Technosexualität" beschreibt sexuelle Aktivitäten, die mit Technologie kombiniert werden (Davis 2015). Im Kontext der Psychologie wurden sexuelle Aktivitäten mit Robotern bisher meist als Objektophilie oder Roboterfetischismus beschrieben, wobei diese Definition eine eher pathologisierende Einschränkung darstellt und beschrieben wird als eine fetischistische Anziehungskraft von humanoiden oder nicht-humanoiden Robotern auf Menschen, die sich wie Roboter verhalten, oder auf Menschen in Roboterkostümen (Marsh 2010). In der allgemeinsten Definition kann Sexrobotik als sexueller Gebrauch eines Roboters verstanden werden. Diese Definition umfasst die Verwendung spezieller Sexroboter und die sexuelle Verwendung anderer Robotertypen, die nicht speziell für sexuelle Zwecke entwickelt und vermarktet werden (Döring 2017).

Sexroboter haben in Fachkreisen Diskussionen über Roboterdesign, soziale Normen und den Status von Mensch-Roboter-Sex im Kontext menschlicher Beziehungen sowie den möglichen Nutzen von Sexrobotern ausgelöst. Ein Vorteil ist beispielsweise die Verwendung von Sexualrobotern als therapeutisches Instrument bei der Behandlung von sexuellen Störungen. Obwohl Sexspielzeug in der Sexualtherapie zur Behandlung von Orgasmusproblemen eingesetzt wird (Nappi et al. 2003), gibt es keine Informationen über die Einstellungen von Sexualtherapeuten zu Sexrobotern als Instrument in der Sexualtherapie. Anzunehmen ist jedenfalls, dass ein für Sex entwickelter Roboter andere Auswirkungen haben kann als andere Sexualhilfen. Kerner (2018) berichtete anekdotisch, dass einige Sexualtherapeuten bereits eine Reihe von Optionen vorgeschlagen haben, mit denen Roboter ihnen helfen könnten, so z. B. bei Problemen wie erektiler Dysfunktion, Ejaculatio praecox und sozialer Angst vor der ersten sexuellen Begegnung. In seinem Buch *Love and Sex with Robots* unterstützt David Levy (2007) den potenziellen psychosozialen Wert von Sexrobotern. Er argumentiert sogar, dass soziale Außenseiter mithilfe von Sexrobotern zu ausgeglichenen Menschen werden könnten. Döring und Pöschl (2018) fügen hinzu, dass es auch möglich wäre, pädagogische und therapeutische Sexualroboter einzusetzen, die bestimmte Trainingsprogramme diskret und ohne Scham- oder Schuldgefühle ermöglichen (z. B. das Üben von Safer-Sex-Techniken, die Behandlung von Orgasmusstörungen). Die oben zitierten Aussagen basieren auf ersten Überlegungen, es wurden jedoch noch keine Therapeuten zu ihrer

Einstellung bzgl. den therapeutischen Optionen von Sexualrobotern befragt. Bevor die Ergebnisse einer eigenen Befragung (Eichenberg et al. 2019) an $N=72$ Sexualtherapeuten vorgestellt werden, wird zunächst die bestehende Kontroverse um Sexroboter kurz zusammengefasst.

Arten von Sexrobotern

Obwohl sich Sexroboter noch in einem sehr frühen Entwicklungsstadium befinden, bietet die Sexindustrie bereits eine Vielzahl von Produkten an, die eine Art künstliche Intelligenz-Software beinhalten. Sexroboter existieren bereits in weiblichen, männlichen und Transgender-Versionen mit entsprechenden primären und sekundären Geschlechtsmerkmalen. Aktuelle Sexroboter sowie Sexpuppen sind aus Silikongummi gefertigt. Das Aussehen, wie Augenfarbe, Haare, Haut und Make-up, kann vom Kunden selbst bestimmt werden. Die Preise für die Sexroboter liegen zwischen 5000 und 15.000 US\$. Die bisher vermarkteten Sexroboter sehen aus wie Sexpuppen, sind jedoch in der Lage, Gespräche zu führen und bestimmte vorprogrammierte Emotionen oder Persönlichkeiten zu zeigen. Einige Roboter sind mit Ganzkörpersensoren ausgestattet, damit sie auf Berührungen reagieren können. Die Reaktion hängt manchmal von dem gewählten Persönlichkeitstypus des Sexroboters ab. Zum Beispiel hat Roxxxy Gold (TrueCompanion) Persönlichkeiten wie „Frigid Farrah" vorprogrammiert, die reserviert-schüchtern interagiert. „Wild Wendy" hingegen ist als kontaktfreudige und abenteuerlustige Persönlichkeit programmiert.

Sexroboter können auch als Software-Roboter ohne materielle Verkörperung umgesetzt werden; sie werden vielmehr in einer immersiven virtuellen Realität (VR) dargestellt. Immersive VR-Anwendungen können auch mit Teledildonics kombiniert werden. Dies sind Sexspielzeuge, die eine haptische Stimulation der männlichen oder weiblichen Genitalien bieten, synchronisiert mit der VR-Anwendung (Liberati 2017).

Kontroverse

In der internationalen Literatur begann die Kontroverse um Robotersex bereits vor über 10 Jahren, die größtenteils durch die Monografie *Love and Sex with Robots* von David Levy (2007) ausgelöst wurde. Seitdem bleibt das Thema „Sexrobotik" umstritten; Befürworter interpretieren die Entwicklung von Sexrobotern als den nächsten Schritt in der Mensch-Roboter-Interaktion und argumentieren, dass Robotersex ein Weg sein wird, mehr Offenheit im Bereich der Sexualität zu fördern. Sexrobotik kann eine gesundheitsfördernde Ergänzung und eine Erweiterung der Sexualität von Partnern sein. Ein weiteres Argument ist, dass Menschen, die sich nicht auf eine feste Beziehung festlegen können oder wollen, davon profitieren könnten. Auch die emotionale Bindung an einen Sexroboter könnte ein hilfreicher Ersatz sein, der Einsamkeit verringert und das Wohlbefinden fördert. Kritische Stimmen sehen Risiken oder führen beispielsweise eine ethische Debatte darüber, ob die menschliche Sexualität auf diese Weise entfremdet werden kann. Ein potenzielles Risiko, das Kritiker häufig bemerken, ist, dass Sex mit Robotern zu sozialer Isolation führen kann oder wird (Richardson 2016).

Döring (2017) erklärt, dass die Polarisierung der Debatte in Pro- und Kontrapositionen (Hype vs. moralische Panik, utopische vs. dystopische Visionen) für den Umgang mit technischen Innovationen durchaus typisch ist, da keine Erfahrungen vorliegen. Ein weiteres Problem bei der öffentlichen Wahrnehmung von Sexrobotern besteht darin, dass die Öffentlichkeit derzeit kaum über Roboter im Allgemeinen informiert ist. Sexroboter sind neu und Informationen über sie stammen hauptsächlich aus Science-Fiction-Filmen oder Büchern.

In einer kürzlich durchgeführten Studie (Döring und Pöschl 2019) wurden die medialen Darstellungen intimer Mensch-Roboter-Beziehungen analysiert, wobei stereotype Geschlechterrollen, Heteronormativität und ein Fokus auf sexuelle versus emotionale Intimität aufgedeckt wurden.

Es existieren jedoch bereits einige Studien zur Akzeptanz und Einstellung gegenüber Sexrobotern von Personen aus der Allgemeinbevölkerung.

So befragten z. B. Scheutz und Arnold (2016) eine Stichprobe von 100 US-amerikanischen Internetnutzern (43 % Frauen, Durchschnittsalter 33 Jahre) mithilfe von Online-Fragebögen in den USA. Sie berichteten als Ergebnis, dass viele Arten des Sexrobotereinsatzes von den Umfrageteilnehmern gebilligt wurden (z. B. Sexroboter als Alternative zur Prostitution, Sexroboter für Menschen mit Behinderungen, Sexroboter zur Verhinderung von Gewalt), während nur wenige Optionen abgelehnt wurden (z. B. Kindersexroboter). Dabei stellten die Autoren relevante geschlechtsspezifische Unterschiede fest: Frauen bewerteten die jeweilige Verwendung durchweg als weniger geeignet als Männer und erwogen in Zukunft mit weitaus geringerer Wahrscheinlichkeit die Verwendung eines Sexroboters. Eine weitere Umfragestudie zur Einstellung gegenüber Sexrobotern bei 203 deutschen Internetnutzern (70 % Frauen, Durchschnittsalter 31 Jahre) ergab, dass 82,3 % der Befragten den Einsatz von Sexrobotern befürworteten, insbesondere bei körperlichen Behinderungen, anstelle von Prostitution und als eine Möglichkeit, bestimmte sexuelle Fantasien auszuleben. Über 80 % der Befragten konnten sich vorstellen, Sexualroboter zur Behandlung eines sexuellen Problems einzusetzen (z. B. bei Ejaculatio praecox), und rund 55 %, dass Sexualroboter in einem therapeutischen Kontext eingesetzt werden (Eichenberg et al. 2018).

Die Akzeptanz von Sexrobotern in der Bevölkerung ist nach diesen Befunden als hoch einzuschätzen. Dieses Ergebnis führte zu der Frage, ob Sexualtherapeuten den Einsatz von Sexrobotern ähnlich wie die Allgemeinbevölkerung bewerten.

Befragung von Sexualtherapeuten

In einer eigenen Befragungsstudie gingen wir folgenden Fragen nach: Welche Einstellungen haben Sexualtherapeuten gegenüber dem Einsatz von Sexualrobotern bei der Therapie verschiedener sexueller Störungen? Betrachten Sexualtherapeuten Sexualroboter als therapeutisches Werkzeug? Welche Patienten könnten aus Sicht der Therapeuten von Sexrobotern profitieren? Unterscheiden sich die Therapeuten in ihrer Meinung nach Geschlecht, Alter, Ausbildung, Persönlichkeit und Technikaffinität? Ausführlich können die Ergebnisse bei Eichenberg et al. (2019) nachgelesen werden.

Insgesamt $N = 72$ Sexualtherapeuten und -mediziner haben unseren selbst konstruierten Fragebogen ausgefüllt. Nur wenige Befragte (11 %) gaben an, dass der Einsatz von Sexualrobotern für sie nicht vorstellbar sei, und fast die Hälfte aller Therapeuten und Ärzte könnte sich vorstellen, Sexualroboter in der Therapie zu empfehlen (45 %). Die Einstellung gegenüber Sexualrobotern als therapeutisches Instrument war sehr heterogen, mit geschlechts-, altersspezifischen und beruflichen Unterschieden: Therapeutinnen, ältere Therapeuten und Psychologen (im Gegensatz zu Ärzten) standen dem therapeutischen Einsatz von Sexualrobotern kritischer gegenüber. Konkret konnten sich die meisten Befragten vorstellen, dass Menschen mit körperlichen Behinderungen (61 %) und in isolierten Umgebungen lebend (z. B. in Gefängnissen) (44 %) von Sexrobotern profitieren könnten und diese nützlich sein könnten, um sexuelle Fantasien auszuleben (48 %). Ebenso haben wir die Sexualtherapeuten und -mediziner gefragt, welche Diagnosen (basierend auf der ICD-10) sie für die Verwendung von Sexrobotern für ihre Patienten als geeignet erachten. Ein Drittel lehnte jegliche Verwendung für die eigenen Patienten ab (33 %). Die häufigste Anwendung war denkbar bei Patienten mit sozialer Angst (50 %), für Patienten, die keinen Partner haben und dennoch ein Sexualleben führen möchten, ohne auf Prostitution oder flüchtige Bekannte zurückgreifen zu müssen (50 %) und bei Patienten mit Ejaculatio praecox (47 %).

Darüber hinaus wurden den Befragten zukunftsgerichtete Fragen gestellt, z. B. „Wie wahrscheinlich ist es, dass Sie innerhalb des nächsten Jahres/der nächsten 5 Jahre/der nächsten 25 Jahre Sexroboter in der Therapie einsetzen?". Insgesamt zeichnete sich ein zunehmender positiver Trend für die (weitere) Zukunft ab. Das heißt: die Wahrscheinlichkeit, innerhalb des nächsten Jahres Sexroboter in der Therapie einzusetzen, wurde von 90 % als (sehr) unwahrscheinlich eingeschätzt. In den nächsten fünf Jahren denken nur 68 %, dass es (sehr) unwahrscheinlich ist, dass sie einen Sexroboter empfehlen. Auf die Frage, was in den nächsten 25 Jahren passieren wird, ziehen Therapeuten eher eine Empfehlung in Betracht. Nur noch 38 % halten eine Empfehlung für (sehr) unwahrscheinlich, 62 % hingegen für sehr wahrscheinlich.

Virtuelle Agenten und Softbots in der Psychotherapie: Anwendungsbeispiele

Virtuelle Agenten werden schon länger für psychotherapeutische Zwecke eingesetzt, so z. B. als virtuelle Coaches, die eine Therapeutenrolle übernehmen, und Verhaltensänderungen unterstützen sollen (z. B. im Bereich der Sucht, s. Scherer et al. 2017) oder auch zur Unterstützung von z. B. Senioren in ihrer Alltagsfunktionalität (Erinnerung an Tabletteneinnahmen und Motivation zu körperlicher Aktivität). Studien an dieser Zielgruppe zeigen, dass solche virtuellen Kommunikationspartner nicht nur das Wohlbefinden steigern, sondern auch Einsamkeitsgefühle verringern (Vardoulakis et al. 2012). Auch in der Behandlung sozialer Ängste wurden solche Systeme erprobt. Sie eignen sich u. a. in der Konfrontationstherapie, indem Patienten mit dem virtuellen Agenten verschiedene Verhaltensweisen in ängstigenden Situationen erproben können. Ähnliche Übungsfelder wurden sogar für Patienten mit schweren psychiatrischen Erkrankungen wie z. B. Psychosen entwickelt (zur Übersicht siehe Rus-Calafell et al. 2018). Dabei weisen eine Reihe von Studien darauf hin, dass die Reaktionen virtueller Agenten ähnliche affektive Empfindungen bei den Nutzenden auslösen wie reale Personen, was therapeutisch nutzbar gemacht wird (Pertaub et al. 2002). Insgesamt lösen virtuelle Reize ähnliche starke Reaktionen aus wie reale, was dazu führte, dass sich die Virtual-Exposure-Therapy gerade in der Behandlung von Phobien aber auch weiteren psychischen Störungen (wie z. B. Essstörungen) zunehmend etabliert (Eichenberg und Wolters 2012). Gleichzeitig muss in zukünftigen Studien erforscht werden, ob Erfolge, die ein Patient mit seiner virtuellen Figur erzielte, auch in realen Erfahrungsräumen standhalten (Westerhoff 2012).

Softbots werden häufig in Form von Chatbots umgesetzt und als Apps angeboten, wobei der Zukunftstrend dahin geht, dass Apps im Gesundheitsbereich mehr KI-gestützt sind. Bisher sind Chatbots näher verwandt mit Volltextsuchmaschinen als mit eigenständigen KIs (Yuan 2018). Sie dienen zur Diagnosestellung von Erkrankungen (z. B. ADA) oder auch zur unterstützenden Behandlung von psychischen Erkrankungen wie Depression und Angststörungen (z. B. Woebot). Insgesamt werden solche Angebote damit beworben, dass sie als digitales Instrument zur Erreichung unterversorgter Bevölkerungsgruppen auf der ganzen Welt dienen können, denen es an psychotherapeutischen Gesundheitsdiensten mangelt. Obwohl Diagnostik-Apps bisher nicht integriert sind, hat jeder zweite Arzt von diesen bereits schon gehört (DAK-Digitalisierungsreport (2018). Im Jahr 2020 sollen Ärzte jedoch digitale Medizinprodukte, so z. B. auch Apps, verschreiben dürfen (siehe „Gesetz für eine bessere Versorgung durch Digitalisierung und Innovation" (Digitale-Versorgung-Gesetz, DVG), https://www. bundesgesundheitsministerium.de/fileadmin/Dateien/3_ Downloads/Gesetze_und_Verordnungen/GuV/D/ Digitale-Versorgung-Gesetz_DVG_Kabinett.pdf).

ADA

Ada ist ein Diagnose-Tool, welches als App sowohl im App-Store als auch bei Google-Play heruntergeladen werden kann. Der User kommuniziert (schreibt) mit einen Chatbot und gibt seine Symptome (körperlich oder psychisch) ein. Durch darauffolgende Fragen versucht „Ada" die Problematik zu erfassen und gibt nach ausreichenden Fragen eine oder mehrere Verdachtsdiagnosen und eine Therapieempfehlung aus. Die KI-gestützte Gesundheits-App hat das Ziel, die Gesundheit seiner Nutzer besser zu verstehen und passende nächste Schritte für die richtige Behandlung zu finden. Die Unikliniken Essen und Gießen/Marburg wollen nun in einer Studie prüfen, ob sich die Gesundheits-App zur besseren Patientensteuerung in Notaufnahmen einsetzen lässt (Schlingensiepen 2018).

Woebot
Woebot ist ein Chatbot, der bei Google-Play heruntergeladen werden kann. Psychologen der Universität Stanford haben „Woebot" entwickelt, um Betroffenen Hilfe

beim Umgang mit Depressionen und Angstzuständen zu ermöglichen – zum Beispiel für den Zeitraum, in dem sie auf einen Therapieplatz warten müssen. „Woebot" kann aber ebenso therapiebegleitend genutzt werden. Im Kern werden kognitiv-behaviorale Techniken vermittelt, um das eigene Stimmungsmanagement zu verbessern. Die eigenen Stimmungen werden über die Zeit aufgezeichnet, wodurch dem Nutzer meist zuvor unbewusste Muster erkennbar werden. So lernt „Woebot" im Laufe der Zeit seinen Nutzer immer besser kennen, sodass die Interventionen immer passgenauer personalisiert werden können. Erste Ergebnisse sprechen für die Akzeptanz und Wirksamkeit dieser App (Fitzpatrick et al. 2017).

Erste Reviews zum Einsatz von Chatbots in der klinischen Psychologie und Psychotherapie zeigen, dass die Technologie der Chatbots bisher noch als experimentell zu bezeichnen ist. Bendig et al. (2019) kommen zu dem Schluss, dass die wenigen evaluierten Chatbots überwiegend auf kognitiv-behavioralen Prinzipien beruhen und die vorliegenden Studien vorwiegend Pilotstudiencharakter haben, d. h. es fehlt an qualitativ hochwertigen randomisiert-kontrollierten Studien. Ein weiteres Review (Pereira und Diaz 2019), das $N = 30$ Studien zu gesundheitsbezogenen Chatbots analysierte, kam zu dem Ergebnis, dass sich die meisten auf Essstörungen (v. a. Adipositas, Diabetes) und neurologisch-psychiatrische Erkrankungen (z. B. Demenz, Depression) beziehen und v. a. durch emotionale Aspekte in der Kommunikation des Chatbots Verhaltensänderungen anregen wollen, d. h.: Chatbots können eine sichere, anonyme Umgebung bieten, in der der Patient ein Gefühl einer Beziehung entwickeln kann, ohne Angst vor Stigmatisierung und Diskriminierung.

Eine eigene aktuell laufende Studie untersucht im deutschsprachigen Raum sowie in Großbritannien, von welchen Faktoren es abhängt, ob Nutzer entsprechender Apps sie als vertrauenswürdig erleben und inwiefern sie die Empfehlungen des Systems nachvollziehen können.

Ein weiteres Anwendungsfeld virtueller Agenten ist die Ausbildung von z. B. Medizin- oder Psychologiestudierenden. Sie fungieren z. B. als „virtuelle Patienten", um Medizinstudierenden eine lebensechte Interviewpraxis zu ermöglichen (Ohio State University 2015). Schließlich werden Avatare auch im Bereich der Risikoprävention eingesetzt, beispielsweise im Rahmen des sog. Kognito-Programms, bei dem ein Avatar verwendet wird, um Studenten dabei zu helfen, Personen zu identifizieren, bei denen ein Suizidrisiko besteht (Rein et al. 2018). Solche artifiziellen Systeme können mit sehr komplexen Hintergrundgeschichten ausgestattet werden und eine Vielzahl an verbalen und nonverbalen Reaktionen anbieten, sodass es ein fruchtbares Übungsfeld ist, auch wenn sie Übungen mit realen Patienten nicht ersetzen können (Nunez und Rosenthal-von der Pütten 2018).

Diskussion

Der Einsatz von Robotern in der Psychotherapie ist ein aktuelles, herausforderndes und kontroverses Forschungs- und Praxisfeld. Robotik in der Psychotherapie bedeutet nicht nur eine Auseinandersetzung mit psychotherapeutischen Konzepten und deren Adaption durch die Integration von technischen Devices, sondern auch mit ethischen Fragestellungen (zur Roboterethik insgesamt siehe z. B. Loh 2017). Eine erste Übersicht zu ethisch relevanten Fragen in der Schnittstelle von Robotik und Psychotherapie geben Fiske et al. (2019). Sie kommen zu dem Schluss, dass es dringend fachspezifische

Regeln braucht, sowohl in der Zulassung als auch in der Handhabung von therapeutischen KI-Anwendungen.

In der Grundlagenforschung zu Robotern stehen vor allem technische Fragestellungen im Vordergrund, so z. B. wie die Reaktionen des Roboters in der menschlichen Interaktion verfeinert werden können.

Bisher fehlen ausreichende Studien zum Einsatz sowohl von sozialen Robotern (Eichenberg und Küsel 2018) als auch von Chatbos (Bendig et al. 2019). Dies steht in Kontrast z. B. mit der Entwicklung unzähliger Apps im Gesundheitsbereich, die weder evaluiert noch zwingend von Fachkundigen entwickelt wurden. Umso wichtiger sind Qualitätskriterien sowie die Vergabe von Qualitätssiegeln für geprüfte Angebote. Der Berufsverband Deutscher PsychologInnen e. V. hat auf diesen Bedarf reagiert und ganz aktuell ein entsprechendes Gütesiegel für gesundheitsbezogene Apps mit psychologischen Inhalten entwickelt (https://www.bdp-verband.de/aktuelles/2019/08/bdp-vergibt-guetesiegel.html).

Es scheint immer noch zu gelten, was bereits vor 6 Jahren von David et al. (2014) konstatiert wurde, nämlich dass das Forschungsfeld der *robot-based psychotherapy* unstrukturiert und eher programmatisch wirkt. Dies verhindert allerdings, dass die vorhandenen Potenziale von Robotern in der Psychotherapie breitflächig evaluiert und bei positiven Wirksamkeitsnachweisen auch den Patientengruppen zugänglich gemacht werden, die davon profitieren könnten. Eine alleinige robotergeleitete Psychotherapie scheint derzeit allerdings unwahrscheinlich, da die Komplexität einer Psychotherapie nur schwer nachahmbar ist (Eichenberg und Küsel 2018). Die angestrebten Einsatzfelder sind daher sowohl bei sozialen Robotern (z. B. Steigerung des Wohlbefindens und der Aktivität und Interaktion, verbesserte Compliance in der Bewältigung von (Alltags-)Aufgaben) als auch bei Chatbots (z. B. Psychoedukation, Interventionen zur Verhaltensaktivierung) und genuin neuen Einsatzfeldern, die bisher auf rein konzeptionellen Überlegungen beruhen (z. B. der Einsatz in der Sexualtherapie), eher therapieunterstützend. Die Weiterentwicklung von Chatbots in Richtung Sprachanalysen und -erkennung könnte ermöglichen, dass diese auf die Stimmung ihrer individuellen Nutzer reagieren und somit emotionsabhängige Antwortoptionen vorgeben (Bendig et al. 2019). Entsprechende Anwendungen könnten auch so konzipiert sein, dass bestimmte Parameter an die Behandelnden weitergeleitet werden und so nicht nur diagnostische Hinweise, sondern auch zusätzliche Aspekte zur Verlaufsmessung generiert würden.

Letztlich ist die Frage zentral, wie Roboter sein müssten, um eine Psychotherapie sinnvoll zu unterstützen, damit sie von Patienten akzeptiert werden und dabei nicht nur effektiv, sondern auch nebenwirkungsarm sind (Bendig et al. 2019). In der Psychotherapieforschung ist der Misserfolgsforschung mindestens der gleiche Stellenwert einzuräumen wie in der Effektivitätsforschung, was bei neuen Entwicklungen − so auch bei digitalen Anwendungen − besonders gilt (Eichenberg und Stetina 2015). Dabei ist davon auszugehen, dass die Entwicklung differenzieller Indikationsstellungen notwendig ist, d. h. es sind empirisch fundiert Kriterien zu entwickeln, bei welchen Patienten, mit welchen Eigenschaften (z. B. technikaffin), mit welchen Störungen und in welcher Phase der Erkrankung Roboter eine Psychotherapie sinnvoll unterstützen können oder eben nicht. Dabei sollte sich unser Berufsstand aktiv an der interdisziplinären Weiterentwicklung dieses Felds beteiligen, d. h. in partizipatorischen Designs sollten und müssen Psychotherapeuten und Psychologen ihr klinisches und wissenschaftliches Knowhow einbringen, damit das Feld nicht rein technologisch-kommerziell motivierten Interessensgruppen überlassen wird.

Literatur

Barolli, L., Javaid, M., Ikeda, N., & Takizawa, N. (Hrsg.). (2019). Complex, Intelligent, and Software Intensive Systems. In *Proceedings of the 12th international Conference on Complex, Intelligent, and Software Intensive Systems (CISIS-2018)*. Springer: Cham, Heidelberg, New York, Dordrecht, London.

Bendig, E., Erb, B., Schulze-Thuesing, L., & Baumeister, H. (2019). Die nächste Generation: Chatbots in der klinischen Psychologie und Psychotherapie zur Förderung mentaler Gesundheit – Ein Scoping-Review. *Verhaltenstherapie*. https://doi.org/10.1159/000499492.

Costescu, C. A., Vanderborght, B., & David, D. O. (2014). The effects of robot-enhanced psychotherapy: A meta-analysis. *Review of General Psychology, 18*(2), 127–136.

Costescu, C. A., Vanderborght, B., & David, D. O. (2015). Reversal learning task in children with autism spectrum disorder: A robot-based approach. *Journal of Autism and Developmental Disorders, 45*(11), 3715–3725. https://doi.org/10.1007/s10803-014-2319-z.

DAK-Digitalisierungsreport. (2018). So denken Ärzte über E-Health-Lösungen. Berlin: EPatient RSD GmbH. https://www.dak.de/dak/download/dak-digitalisierungs-report-2018-1959528.pdf. Zugegriffen: 14. März 2019.

David, D., Matu, S.-A., & David, O. A. (2014). Robot-based psychotherapy: Concepts development, state of the art, and new directions. *International Journal of Cognitive Therapy, 7*(2), 192–210.

Davis, M. (2015). After the clinic? Researching sexual health technology in context. *Culture, Health & Sexuality, 17*(4), 398–411. https://doi.org/10.1080/13691058.2014.928371.

Döring, N. (2017). From internet sex to robotic sex: State of research and challenges for sexology. *Z Sex-Forsch, 30*(01), 35–57.

Döring, N., & Pöschl, S. (2018). Sex toys, sex dolls, sex robots: Our under-researched bed-fellows. *Sexologies, 27*(3), e51–e55.

Döring, N., & Poeschl, S. (2019). Love and sex with robots: A content analysis of media representations. *International Journal of Social Robotics, 6,* 1–13.

Döring, N., Richter, K., Gross, H.-M., et al. (2015). Robotic companions for older people: A case study in the wild. *Studies Health Technology Information, 219,* 147–152.

Eichenberg, C., & Hübner, L. (2018). Psychoanalyse via Internet: Ein Überblick zum aktuellen Stand der Diskussion um Möglichkeiten und Grenzen. *Psychotherapeut, 63*(4), 283–290. https://doi.org/10.1007/s00278-018-0294-0.

Eichenberg, C., Khamis, M., & Hübner, L. (2019). The use of sex robots in sexual therapy: An online survey and interview study on the attitudes of therapists and physicians. *Journal of Medical Internet Research, 21*(8), e13853.

Eichenberg, C., & Kühne, S. (2014). *Einführung Onlineberatung und -therapie.* München: Reinhardt UTB.

Eichenberg, C., & Küsel, C. (2016). Zur Wirksamkeit von Online-Beratung und Online-Psychotherapie. *Resonanzen, 4,* 93–107.

Eichenberg, C., & Küsel, C. (2018). Robotik in der Psychotherapie: Intelligente artifizielle Systeme. *Deutsches Ärzteblatt, 8,* 365–367.

Eichenberg C, Ostermaier E, Khamis M, Küsel C, & Hübner L. (2018). [Sexrobotik: Two survey studies on acceptance and usage options in sex therapy]. Presented at: DGPPN-Kongress; November 29, 2018. Berlin.

Eichenberg, C., & Stetina, B. U. (2015). Risiken und Nebenwirkungen in der Online-Therapie. *Psychotherapie im Dialog, 4,* 56–60.

Eichenberg, C., & Wolters, C. (2012). Virtual realities in the treatment of mental disorders: A review of the current state of research. In C. Eichenberg (Hrsg.), *Virtual reality* (S. 35–64). Rijeka: InTech.

Fiske, A., Henningsen, P., & Buyx, A. (2019). Your robot therapist will see you now: Ethical implications of embodied artificial intelligence in psychiatry, psychology, and psychotherapy. *Journal of Medical Internet Research, 21*(5), e13216.

Fitzpatrick, K. K., Darcy, A., & Vierhile, M. (2017). Delivering cognitive behavior therapy to young adults with symptoms of depression and anxiety using a fully automated conversational agent (Woebot): A randomized controlled trial. *JMIR Mental Health, 4*(2), e19. https://doi.org/10.2196/mental.7785.

Galvão Gomes da Silva, J., Kavanagh, D. J., Belpaeme, T., Taylor, L., Beeson, K., & Andrade, J. (2018). Experiences of a motivational interview delivered by a robot: Qualitative study. *Journal of Medical Internet Research, 20*(5), e116.

Heerink, M., Kröse, B., Evers, V., & Wielinga, B. J. (2008). The influence of social presence on acceptance of a companion robot by older people. *Journal of Physical Agents, 2*(2), 33–40.

Kerner, I. (2018). What the sex robots will teach us. http://edition.cnn.com/2016/12/01/health/robot-sex-future-technosexuality/. Zugegriffen: 14. Aug. 2019.

Lane, G. W., Noronha, D., Rivera, A., Craig, K., Yee, C., Mills, B., et al. (2016). Effectiveness of a social robot, "Paro", in a VA long-term care setting. *Psychological Services, 13*(3), 292–299.

Levy, D. (2007). *Love and sex with robots: The evolution of human-robot relationships*. New York: Harper.

Loh, J. (2017). Roboterethik. Über eine noch junge Bereichs-ethik. *Information Philosophie, 1,* 20–33. http://www.information-philosophie.de/?a=1&t=8530&n=2&y=4&c=127. Zugegriffen: 8. Aug. 2019.

Liberati, N. (2017). Teledildonics and new ways of "Being in Touch": a phenomenological analysis of the use of haptic devices for intimate relations. *Science and Engineering Ethics, 23*(3), 801–823.

Libin, E., & Libin, A. (2003). New Diagnostic Tool for Robotic Psychology and Robotherapy Studies. *CyberPsychology & Behavior, 6*(4), 369–374.

Libin,A. V., & Libin, E. V. (2004). Person-robot interactions from the robopsychologists' point of view: The robotic psychology and robotherapy approach. In *Proceedings of the IEEE, 92*(11), (S. 1789–1803). https://doi.org/10.1109/jproc.2004.835366.

Marsh A. (2010). Electronic Journal of Human Sexuality, 13. Love among the Objectum Sexuals. http://www.ejhs.org/volume13/ObjSexuals.htm.

Mavadati SM, Feng H, Salvador M, Silver S, Gutierrez A, Mahoor MH. (2016). Robot-based therapeutic protocol for training children with Autism. In *25th IEEE International Symposium on Robot and Human Interactive Communication (RO-MAN)* 26.-31. August 2016, New York, NY, USA.

Moyle, W., Bramble, M., Jones, C., & Murfield, J. (2016). Care staff perceptions of a social robot called paro and a look-alike plush toy: A descriptive qualitative approach. *Aging Mental Health, 22*(3), 330–335.

Nappi, R., Ferdeghini, F., Abbiati, I., Vercesi, C., Farina, C., & Polatti, F. (2003). Electrical stimulation (ES) in the management of sexual pain disorders. *Journal of Sex and Marital Therapy, 29*(Suppl 1), 103–110.

Nunez, T. R., & Rosenthal, A. (2018). Roboter und Agenten in der psychologischen Intervention. In O. D. Kothgassner & A. Felnhofer (Hrsg.), *Klinische Cyberpsychologie und Cybertherapie* (S. 78–85). Wien: facultas.

Ohio State University. (2015, Feb 25). Virtual patient: Avatar shows emotions as he talks to med students. https://www.sciencedaily.com/releases/2015/02/150225151639.htm. Zugegriffen: 12. Aug. 2019.

Pareira, J., & Díaz, Ó. (2019). Using health chatbots for behavior change: A mapping study. *Journal of Medical Systems.* https://doi.org/10.1007/s10916-019-1237-1.

Pertaub, D. P., Slater, M., & Barker, C. (2002). An experiment on public speaking anxiety in response to three different types of virtual audience. *Presence: Teleoperators and Virtual Environments, 11*(1), 68–78.

Rein, B. A., McNeil, D. W., Hayes, A. R., Hawkins, T. A., Ng, H. M., & Yura, C. A. (2018). Evaluation of an avatar-based training program to promote suicide prevention awareness in a college setting. *Journal of American College Health, 66*(5), 401–411.

Richardson, K. (2016). Sex Robot Matters: Slavery, the Prostituted, and the Rights of Machines. *IEEE Technology and Society Magazine, 35*(2), 46–53.

Robinson, H., Macdonald, B., Kerse, N., & Broadbent, E. (2013). The psychosocial effects of a companion robot: a randomized controlled trial. *Journal of the American Medical Directors Association, 14*(9), 661–667. https://doi.org/10.1016/j.jamda.2013.02.007.

Rus-Calafell, M., Garety, P., Sason, E., Craig, T. J. K., & Valmaggia, L. R. (2018). Virtual reality in the assessment and treatment of psychosis: A systematic review of its utility, acceptability and effectiveness. *Psychological Medicine, 48*(3), 362–391.

Šabanovi, S., Bennett, C., Chang, W., & Huber, L. (2013). PARO robot affects diverse interaction modalities in group sensory therapy for older adults with dementia. In *IEEE international conference on rehabilitation robotics*, 6650427.

Scherer, S., Lucassen, M., Bridgman, H., & McKinstry, B. (2017). Embodied coversationale agents in clinical psychology: A scoping review. *Journal of Medical Internet Research, 19*(5), e151.

Scheutz, M., & Arnold, T. (2016). Are we ready for sex robots? In *proceedings of the 11th ACM/IEEE conference on human-robot interaction. 2016 Oct 07 Presented at: 11th ACM/IEEE conference on human-robot interaction*. March 7, 2016. New Zealand. https://hrilab.tufts.edu/publications/scheutzarnold16hri.pdf.

Schlingensiepen, I. (2018). Wie eine App Patienten steuert. Ärzte Zeitung online. https://www.aerztezeitung.de/praxis_wirtschaft/e-health/gesundheitsapps/article/973837/ada-hilft-wie-eine-app-patienten-steuert.html.

Scoglio, A. A., Reilly, E. D., Gorman, J. A., & Drebing, C. E. (2019). Use of social robots in mental health and well-being research: Systematic review. *Journal of Medical Internet Research, 21*(7), e13322.

Vardoulakis, L., Ring, L., Barry, B., Sidner, C., & Bickmore, T. (2012). Designing relational agents as long term social companions for older adults. IVA 2012. Lecturer Notes in Computer Science. (Bd. 7502, S. 289–302). Berlin: Springer.

Wada, K., Takasawa, Y, & Shibata, T. (2014). Robot therapy at facilities for the elderly in Kanagawa prefecture: A report on the experimental result of the first month. In *presented at: The 23rd IEEE international symposium on robot and human interactive communication*. Edinburgh.

Warren, Z. E., Zheng, Z., Swanson, A. R., et al. (2015). Can robotic interaction improve joint attention skills? *Journal of Autism and Developmental Disorders, 45*(11), 3726–3734. https://doi.org/10.1007/s10803-013-1918-4.

Weizenbaum, J. (1966). ELIZA – A computer program for the study of natural language communication between man and machine. *Communications of the ACM, 9*(1), 36–45. https://doi.org/10.1145/365153.365168.

Westerhoff, N. (2012). Therapie 2.0. In C. Gelitz (Hrsg.), *Psychotherapie heute* (S. 124–133). Heidelberg: Spektrum der Wissenschaft.

Yuan, M. (2018). *Building intelligent, cross-platform, messaging bots*. Boston: Addison Wesley.

Zhang X, Mollahosseini A, Amir H et al. (2014). An expressive bear-like robot.In *23rd IEEE international symposium on robot and human interactive communication (Ro-MAN)*. 2014 Aug 25–29. Edinburgh, Scotland, UK. New York, Curran Associates, Inc (S. 969–74).

Prof. Dr. Christiane Eichenberg ist Psychologische Psychotherapeutin. 2001 erhielt sie ihr Diplom in Psychologie an der Universität zu Köln. 2006 promovierte sie zur Dr. phil. an der Universität zu Köln, 2010 folgte die venia legendi für das Fach Psychologie an der TU Ilmenau. 2013-2016 war sie Universitätsprofessorin für Klinische Psychologie, Psychotherapie und Medien an der Sigmund Freud PrivatUniversität Wien. Aktuell ist sie Leiterin des Instituts für Psychosomatik an der Medizinischen Fakultät der Sigmund Freud PrivatUniversität Wien.

Maschinelles Lernen und Schwerhörigkeit – Werden Hörgeräte zu Babelfischen?

Birger Kollmeier

Einleitung

Wenn es um bessere Menschen geht, ist die Disziplin der Hörforschung eigentlich genau verkehrt, denn wir kümmern uns darum, dass Menschen, die „schlechter" sind, wieder normal hören können – und nicht, dass sie besser als normal werden.

Aber die Frage ist, ob wir mit den Techniken, die wir in der Hörgeräte-Technologie und der Audiotechnologie entwickeln, den Menschen zusätzliche Fähigkeiten verleihen können. Die populärste und vielleicht begehrenswerte

B. Kollmeier (✉)
Abteilung Medizinische Physik, Carl von Ossietzky
Universität Oldenburg, Oldenburg, Deutschland
E-Mail: birger.kollmeier@uni-oldenburg.de

© Der/die Herausgeber bzw. der/die Autor(en),
exklusiv lizenziert durch Springer-Verlag GmbH, DE,
ein Teil von Springer Nature 2020
M. C. Bauer und L. Deinzer (Hrsg.), *Bessere Menschen?*
Technische und ethische Fragen in der transhumanistischen Zukunft,
https://doi.org/10.1007/978-3-662-61570-6_7

127

Fähigkeit ist die Fähigkeit, eine Sprache nahtlos in eine andere zu übersetzen. Der Babelfisch aus dem Roman *Per Anhalter durch die Galaxie* von Douglas Adams hat die Fähigkeit, Sprache aufzunehmen und in übersetzter Form im Ohr wiederzugeben. Aber dieser Babelfisch hat noch ein paar andere magische Eigenschaften, zum Beispiel kann er das Gehirn direkt abtasten und damit auch ein wenig mehr als nur das akustische Signal des Nutzers erfassen. Wir sind relativ kurz davor, solche Babelfische zu entwickeln (Abb. 1). Es gibt das in gewisser Weise schon: mobile Sprachassistenten wie „Siri" von Apple oder „Alexa" von Amazon. Es gibt auch eine deutsche Antwort auf „Siri" und „Alexa". Sie heißt „Hallo Magenta" von der Deutschen Telekom.

Sind wir also auf dem Weg in eine Zukunft wie Douglas Adams sie vorgezeichnet hat?

Man kann sich leicht ausmalen, dass diese Technik noch nicht ganz ausgereift ist. Dieser Artikel wird sich nun zunächst damit beschäftigen, wie dicht die derzeitige Sprachtechnologie am Babelfisch angelangt ist und inwieweit diese Sprachtechnologien mit Schwerhörigkeit und Hörgeräten zusammenhängen. Außerdem wird die Frage aufgeworfen, inwiefern maschinelles Lernen und Neurotechnologien uns in Zukunft dazu verhelfen können, vielleicht doch zu besseren Menschen zu werden (Abb. 2).

Spracherkennung und „Cocktailparty-Effekt" in verschiedenen Sprachen

Wie weit das maschinelle Lernen in der Spracherkennung in den vergangenen Jahrzehnten vorangeschritten ist, machen folgende Zahlen sichtbar: 1997 lag die Fehlerrate

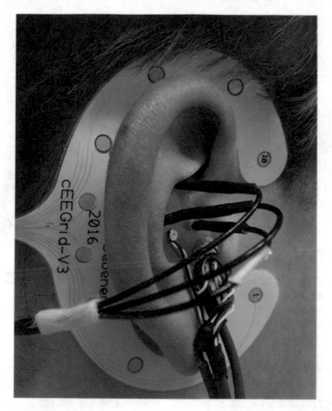

Abb. 1 Prototyp eines „Hearables" aus dem Exzellenzcluster Hearing4All mit akustisch transparentem Ohrpassstück, mehreren Mikrophonen und Lautsprechern sowie EEG-Ableitung hinter dem Ohr und weiteren Sensoren im Gehörgang – ein erster Schritt in Richtung Babelfisch? (Quelle: Hearing4All/Universität Oldenburg, s. Denk et al. 2018)

bei maschineller Spracherkennung bei 47 %. 2015 ist es deutlich besser geworden: Die Fehlerrate der Maschine ist auf 8 % gesunken und 2016 konnte man es noch weiter reduzieren. Jedoch kostet jedes weitere Prozent noch einmal mindestens den doppelten Aufwand. Die menschliche Fehlerrate beträgt 6 %. Hier kann ein Gleichstand

Abb. 2 Virtuelles akustisches Realitäts-Labor im Forschungsbau NeSSy der Universität Oldenburg: Hier kann das Hören ohne und mit Hörhilfen (wie in Abb.1 dargestellt) in ruhiger oder lauter Umgebung mit oder ohne visuelle Stimulation möglichst realitätsnah *getestet* werden. (Quelle: Universität Oldenburg)

von Mensch und Maschine festgestellt werden. Jedoch betrifft dies nur die Spracherkennung in Ruhe und unter optimalen Voraussetzungen. In der Realität findet Sprache und Kommunikation meistens in einer lebhafteren Umgebung statt. In solchen Situationen hat auch das menschliche Gehör Schwierigkeiten und besonders unter Störschall hat man bei einer beginnenden Schwerhörigkeit massive Verstehensprobleme („Cocktailparty-Effekt"). Ist der Wettlauf zwischen Mensch und Maschine also für akustisch „schwierige" Situationen noch offen?

Wenn wir dieses Phänomen durch Sprachverständlichkeitstests ausmessen wollen, ergibt sich die Notwendigkeit, dass wir auch die Verständlichkeit von verschiedenen Sprachen miteinander vergleichen müssen. Da hat man natürlich das Problem, dass es für unsere Testverfahren auch unterschiedliche Sprecher gibt in den verschiedenen Sprachen. Dabei gibt es Sprecher, die gut verständlich sind, die also sehr gut und klar artikulieren, und es gibt Sprecher, die ein bisschen weniger Aufwand betreiben, so dass das Verständnis schwieriger wird.

Aber um Sprachunterschiede zwischen Sprechern zu messen bzw. eine Separation zwischen Sprechereffekt und Effekt der Sprache zu ermöglichen, ist es nötig, dass derselbe Sprecher bzw. dieselbe Sprecherin bilingual, d. h. akzentfrei in zwei verschiedenen Sprachen spricht. Unsere Experimente (Hochmuth et al. 2015) zeigten nun, dass die Verständlichkeit eines Sprechers/einer Sprecherin sich auch in die jeweils gesprochene andere Sprache überträgt: Wenn ein Sprecher/eine Sprecherin von einem deutschen Publikum auf Deutsch sehr leicht verstanden werden kann, kann sie beispielsweise auch von einem spanischen Publikum auf Spanisch oder einem russischen Publikum auf Russisch leicht verstanden werden. Allerdings gibt es einen systematischen Unterschied: Spricht die Sprecherin deutsch, ist sie ebenso gut verständlich wie wenn sie russisch spricht. Betrachten wir jedoch die Differenz zwischen der deutschen und der spanischen Sprache, so fällt ein konstanter Unterschied auf: Spanisch eignet sich in sogenannten „Cocktailparty-Situationen", zum Beispiel im Restaurant, weniger gut zum Verständnis als Deutsch oder Russisch. Man kann davon ausgehen, dass die Ursache darin begründet ist, dass im Spanischen mehr Informationen über Vokale als über Konsonanten übertragen werden. Um mit Vokalen laut artikulieren zu können, muss sehr viel Aufwand betrieben werden und ein größerer Brustkorb oder Kehlkopf ist notwendig. Mit Konsonanten kann dagegen kurzzeitig bei hohen Frequenzen spektrale Energie erzeugt werden – im Wesentlichen ist das eine effizientere Art der Sprachübertragung, vor allem, wenn man Situationen mit lauten Umgebungsgeräuschen betrachtet. Es gibt demzufolge konsistente Unterschiede zwischen Sprachen, die durch multilinguale Tests entdeckt werden können.

Betrachtet man nun die Maschine im Vergleich mit dem Menschen, so fällt auf, dass die Maschine im Jahr 2000 noch als „hochgradig schwerhörig" beschrieben werden kann. Jedoch gab es in den letzten 20 Jahren eine rasante Entwicklung. Inzwischen sind Anwendungen, wie Spracherkennungs-Apps auch im Störschall in der Lage, ebenso gut Sprache zu erkennen wie ein normal hörender Mensch. Unter optimalen Bedingungen, in einem Laborsystem ohne Verzerrungen, erreichen diese Anwendungen ebenfalls dieselbe Leistungsfähigkeit wie normal Hörende unter diesen optimalen Bedingungen. Das beutet, dass die automatische Spracherkennung – der Babelfisch – eine dem Menschen vergleichbare Leistungsfähigkeit erreichen kann: Im Störschall und im Nachhall sind sie jedoch ebenso fehleranfällig wie der Mensch auch (Spille et al. 2018).

Betrachtet man nun die zukünftige Entwicklung, drängt sich natürlich die Frage auf, ob diese Spracherkennungssysteme besser werden können als der Mensch. Der Aufwand, der betrieben werden muss, damit ein System wie „Siri" oder „Alexa" ein dem Menschen ebenbürtiges Sprachverständnis erreicht, ist enorm groß. Die Systeme müssen so viel Trainingsmaterial hören, wie der Mensch im Laufe eines Lebens ebenfalls hört – nur dann ist eine Robustheit gegenüber Störungen gegeben. Hier ergibt sich eine Begrenzung durch die Zahl an Trainingsmaterial und Materialien, die man für ein Training von

Spracherkennungs-Softwares aufwenden kann. Eine Verbesserung der Spracherkennung der Maschinen über die des Menschen hinaus ist demnach wahrscheinlich nur in Spezialsituationen möglich: zum Beispiel, wenn die Maschine das Störgeräusch genau kennt oder den Nachhall genauer identifizieren und kompensieren kann als der Mensch, weil die Maschine auf zusätzliche Informationen zugreifen kann. Auf absehbare Zeit ist der normal hörende Mensch jedoch mehr oder weniger der zu erreichende Goldstandard.

Schwerhörigkeit und Möglichkeiten ihrer Behebung

Mensch und Maschine treffen im Bereich des Sprachverständnisses also auf die gleichen Probleme. Daraus kann die Hörforschung jedoch Schlüsse für die Behebung von Schwerhörigkeit ziehen: Die World Health Organisation schätzt, dass die Zahl der Schwerhörigen weltweit stetig anwächst. 2050 wird ihre Zahl auf 900 Mio. steigen.

Auch in Deutschland und der Europäischen Union ist Schwerhörigkeit, insbesondere durch den demografischen Wandel, eine Volkskrankheit: Schwerhörigkeit ist die häufigste Sinnesbehinderung. Etwa 18 % der deutschen Bevölkerung sind betroffen. Mit zunehmendem Alter steigt diese Zahl rasant an. Bei den Neugeborenen sind es noch 0,3 %, bei den über 70-Jährigen sind es 60 %.

Aus diesem Grund ist eines der grundlegenden Ziele der Hörforschung, Lösungen für alle Formen von Schwerhörigkeit zu entwickeln. Für den Laien mag dies simpel klingen: „solange man die Sprache lauter macht, hört der Betroffene wieder alles" – doch so einfach ist es nicht.

Bei einer Schwerhörigkeit ist in den meisten Fällen das Innenohr betroffen. Dies führt dazu, dass es einen Verlust an Klarheit gibt. Schreitet die Schwerhörigkeit voran, so verschwindet im Zuge dessen auch die Fähigkeit, akustische Details wahrzunehmen: Das innere Abbild der äußeren akustischen Umgebung wirkt verschmiert und verblasst (s. Abb. 3).

Was macht man dagegen? Klassischerweise bietet der Markt unterschiedliche Hörhilfen: Zum Beispiel für geringgradig schwerhörige Menschen, für die keine Hör-Unterstützung zu wenig, aber ein klassisches Hörgerät noch zu viel ist, gibt es Hör-Assistenz-Lösungen, die zum Ausgleich angewendet werden können. Wenn der Hörverlust zunimmt, sind konventionelle Hörgeräte das Mittel der Wahl. Bei an Taubheit grenzender Schwerhörigkeit ist es das Cochlea-Implantat, bei dem der Hörnerv direkt elektrisch im Takt des anliegenden akustischen Signals stimuliert wird.

Funktionsweise des Ohrs aus Sicht der Medizin

Der Schall gelangt über das Außenohr (Ohrmuschel, Gehörgang und Trommelfell) als mechanische Schwingung über die Gehörknöchelchen in das Innenohr (die Cochlea). Dort lenken die Schwingungen je nach Frequenz die Basilarmembran an unterschiedlichen Stellen maximal aus. Auf der Basilarmembran befinden sich die Haarsinneszellen, die sehr sensitiv auf kleine Verschiebungen reagieren. Durch die Haarzellen werden die mechanischen Schwingungen der Basilarmembran in elektrische Impulse umgewandelt. Die Haarsinneszellen sterben im Laufe des Lebens oder bei einem Knalltrauma oder einer Stoffwechselerkrankung ab und können nicht nachwachsen. Der Mensch besitzt etwa 16.000 Haarsinneszellen: Fallen diese aus, ist das eine der häufigsten Ursachen für Schwerhörigkeit (s. Kiessling et al. 2017).

Abb. 3 Verdeutlichung des Verlusts an Auflösung durch die zentralen Komponenten der Innenohr-Schwerhörigkeit: Obwohl der Patient noch alles hört, kann er nichts verstehen, weil das innere Bild der akustischen Umgebung unklar erscheint. Mit weiter zunehmender Schwerhörigkeit fallen auch ganze Bereiche des inneren Bildes aus. (Quelle: Hearing4All/Universität Oldenburg)

Betrachtet man den Hörprozess aus Sicht der Physik, so versucht man möglichst quantitativ zu verstehen, was in den einzelnen Stationen der Hörbahn passiert und an welchen Stellen Störungen auftreten können (Kollmeier und Kiessling 2018).

Zum einen betrachtet man den akustischen Teil, in dem die Transformation des akustischen Signals geschieht. Zum anderen ist die neuro-sensorische Verarbeitung von Bedeutung: Im Innenohr und im Hirnstamm mit den ersten neuronalen Umschaltstationen werden die akustischen Informationen zu einem inneren Bild der akustischen Ereignisse umgerechnet. Diese Umrechnung wird durch Hörmodelle beschrieben, die auch quantitativ auf einem Computer implementiert werden können. Mit ihnen lassen sich die Ursachen und Auswirkungen von Schwerhörigkeit erfassen. Dabei zeigen sich insgesamt vier Faktoren, die jeweils einen anderen Ansatz zur Kompensation durch Hörgeräte benötigen:

Die ersten beiden Faktoren betreffen die klassische Hörgeräte-Verarbeitung; einmal der Verlust an Ver-

stärkung: Schall muss in diesem Fall „aufgedreht"
werden. Der zweite Faktor ist der Verlust an Dynamik,
also dem Abstand zwischen leisesten und dem lautesten
Signal, das ein Schwerhöriger noch wahrnehmen kann:
Dieser Abstand ist oft sehr gering, so dass Hörgeräte
leise Signale mehr verstärken müssen als laute Signale.
Beide Maßnahmen zur Kompensation der ersten zwei
Faktoren entsprechen sehr gut der Verarbeitungs-Strategie
klassischer Hörgeräte.

Der dritte Faktor ist der sogenannte neuronale Ver-
zerrungsfaktor, der eine verschlechterte Auflösung kleiner
akustischer Unterschiede im inneren Bild beschreibt.
Zusammen mit dem vierten, dem binauralen Faktor, der
das fehlende Zusammenspiel zwischen den beiden Ohren
beschreibt, führt dies auf zentraler Ebene zu einem Ver-
schmieren oder gar zu Teilausfällen des akustischen Bildes,
das nur sehr schwer behoben werden kann (s. Abb. 3).
Dazu braucht es binaurale Hörgeräte, die auch das zweiohrige Hören unterstützen.

Binaurale Hörgeräte

Die Idee ist es, binaurale Hörgeräte zu konstruieren, die
in einer störschallhaften Umgebung den sogenannten
„Cocktailparty-Effekt" ausnutzen können: Der Schall
von dem Sprecher, den der Schwerhörige hören möchte,
kommt zu beiden Ohren mit einem leicht unterschiedlichen Laufzeitversatz und Lautstärkenunterschied an, der
sich vom Störschall unterscheidet. Daher ist das Gehirn
in der Lage, durch Auswertung der Unterschiede zwischen
rechts und links den Störschall und Nutzschall voneinander
zu trennen. Dafür kommt es auf ein exaktes Zusammenspiel beider Ohren an: Der kleinste Unterschied zwischen
rechts und links, den man noch unterscheiden kann, ist
0,00001 h, d. h. zehnmal der millionste Teil einer Sekunde!

Diese hohe Präzision schafft das Gehirn im Hirnstamm durch massive Parallelverarbeitung von Nervenzellen, die auf die Differenz zwischen rechts und links hören. Benötigt wird dies beispielsweise, um Winkelunterschiede von einem Grad auflösen zu können. In Räumen mit Nachhall ist es schwieriger, weil nicht nur der Direktschall von einer Schallquelle mit eindeutiger Richtungsinformation auf beide Ohren trifft, sondern auch die Echos von den verschiedenen Wänden, die sich so überlagern, dass keine eindeutige Richtungsinformation mehr vorhanden ist. Im Laufe der Evolution entwickelte der Mensch jedoch Tricks, um auch in Höhlen und später in Räumen sich zurechtfinden zu können, zum Beispiel durch Unterscheidung zwischen (gewünschtem) Direktschall-Anteil und (meist störendem) Nachhall. Allerdings sind diese Mechanismen noch Gegenstand aktueller Forschung.

Ein binaurales Hörgerätepaar kann miteinander kommunizieren und kann die zentralen Komponenten des Hörverlustes – im begrenzten Maße – kompensieren. Dabei wird also nicht nur eine Verstärkung, eine Lautstärkeanpassung und auch eine Störschall- oder Nachhallunterdrückung eingesetzt. Binaurale Hörgeräte können darüber hinaus die zweiohrige, binaurale Verarbeitung der Schallquellen unterstützen, die bei Schwerhörigkeit oft als Erstes gestört ist. Unsere ersten Hörgeräte-Prototypen vor 20 Jahren wogen noch sehr viel: Im Prinzip handelte es sich dabei um einen ausgewachsenen Computer. Im Laufe der Zeit wurden diese Geräte immer kleiner und auch für die Patient*innen anwendbar.

Das Hörgerät der Zukunft wird stärker binaural sein, es wird in der Lage sein, den Raum zu überwachen und herauszufiltern, ob es sich um eine Störschallquelle oder Nutzschallquelle handelt, und es versucht, den Wunsch des Nutzers möglichst reibungslos durch „Hinhören" zu einer bestimmten Schallquelle umzusetzen (Kollmeier und Kiessling 2018).

Aber: Hörgeräte sind keine Übersetzer oder Babelfische – denn selbst die schnellsten Übersetzungsprogramme benötigen Verzögerungszeiten von über 100 Millisekunden – eine halbe Ewigkeit für Hörgeräte! Hörgeräte haben eben nicht die Aufgabe, Sprache zu übersetzen, sondern den originalen Klang zu erhalten und ohne Verzögerung zu präsentieren.

Maschinelles Lernen und Neurotechnologie bei Hörgeräten

Maschinelles Lernen ist nicht nur bei der Spracherkennung seit Längerem wichtig, sondern erhält eine zunehmende Bedeutung in sehr vielen weiteren Bereichen, z. B. der Neurotechnologie mit Brain-Computer-Interfaces (BCI). So kann man neuronale Netze daraufhin trainieren, aus EEG-Signalen zu erkennen, auf welche akustische Quelle sich ein Mensch in seiner Umgebung konzentriert (de Taillez et al. 2019, Denk et al. 2018, s. Abb. 1). Über eine Schätzung der Korrelation zwischen EEG und der Spracheinhüllenden verschiedener Sprecher kann man ableiten, welchem Sprecher der Träger Aufmerksamkeit widmet. Diese Entscheidung kann innerhalb von mindestens 200 Millisekunden gefällt werden – leider immer noch zu langsam für Hörgeräte! Ein mögliches Zukunftsszenario dieser Entwicklung wären sogenannte „Wearables" oder „Hearables" am Ohr des Trägers, die eine Kombination aus Hörgerät und Neuroprothese mit BCI darstellen – könnte das der Babelfisch der Zukunft sein? Das Ohr an sich ist ein sehr gutes Organ, um Sensoren aller Art über den Zustand des Besitzers anzubringen, z. B. um den Gesundheitszustand abzulesen. Zudem gibt es bereits Hörgeräte mit Lage- und Geschwindigkeitssensor, die registrieren, wenn der Träger hinfällt und liegen bleibt und daraufhin Alarm

schlagen. Auch Blutdruckmessungen, Sauerstoffsättigungs-
werte oder EEG-Daten können direkt am Ohr gemessen
werden.

Fazit

Werden Hörgeräte zu Babelfischen? Die maschinelle
Sprach- und Audioerkennung erreicht die Leistungsfähigkeit von Menschen, sowohl im Störschall als auch im
Nachhall. Die binaurale Hörgerätetechnologie setzt auf
Kontrastverstärkung des eingehenden Schalls und nicht
auf Ersatzsignale. Die Hörgerätetechnologie ist daher
eigentlich kein Babelfisch, aber durch Zusatzsensorik
wie Sensoren, die wir am Ohr unterbringen können,
und darauf aufbauendem maschinellen Lernen am Ohr
können durchaus „Hearables" konstruiert werden, die zu
einer Art „Gesundheits-Babelfisch" werden. Mithilfe dieser
Gesundheitstechnologie kann es uns ermöglicht werden,
vielleicht doch noch zum besseren Menschen zu werden!

Literatur

de Taillez, T., Denk, F., Mirkovic, B., Kollmeier, B., & Meyer,
B. (2019). Modeling Nonlinear Transfer Functions from
Speech Envelopes to Encephalography with Neural Net-
works. *International Journal of Psychological Studies, 11*(4), 1.
Denk, F., Grzybowski, M., Ernst, S. M., Kollmeier, B.,
Debener, S., & Bleichner, M. G. (2018). Event-related
potentials measured from in and around the ear electrodes
integrated in a live hearing device for monitoring sound
perception. *Trends in Hearing, 22*, 2331216518788219.
Hochmuth, S., Jürgens, T., Brand, T., & Kollmeier, B. (2015).
Talker-and language-specific effects on speech intelligibility
in noise assessed with bilingual talkers: Which language is

more robust against noise and reverberation? *International journal of audiology, 54*(sup2), 23–34.

Kiessling, J., Kollmeier, B., & Baumann, U. (Hrsg.). (2017). *Versorgung mit Hörgeräten und Hörimplantaten* (3., vollständig überarbeitete und erweiterte Aufl.). Stuttgart: Thieme. https://doi.org/10.1055/b-005-143661.

Kollmeier, B., & Kiessling, J. (2018). Functionality of hearing aids: State-of-the-art and future model-based solutions. *International journal of audiology, 57*(sup3), S3–S28.

Spille, C., Ewert, S. D., Kollmeier, B., & Meyer, B. T. (2018). Predicting speech intelligibility with deep neural networks. *Computer Speech & Language, 48*, 51–66.

Prof. Dr. Dr. Birger Kollmeier studierte Physik (bei Prof. Dr. M.R. Schroeder) und Medizin in Göttingen. Nach Promotion in beiden Fächern (1986 und 1989) und Habilitation in Physik wurde er 1993 an die Universität Oldenburg als Physik-Professor und Leiter der Abteilung Medizinische Physik berufen. Er ist wissenschaftlicher Leiter der Hörzentrum Oldenburg GmbH, seit 2000 Sprecher der Kompetenzzentrum HörTech gGmbH, seit 2008 Leiter des Fraunhofer IDMT Institutsteils für Hör-, Sprach- und Audiotechnologie, Mitinitiator der European Medical School Oldenburg/Groningen sowie seit 2012 Sprecher des Exzellenzclusters „Hearing4All". Er hat bisher über 75 Promotionen betreut und über 300 wissenschaftliche Paper in verschiedenen Bereich der Hörforschung, Sprachverarbeitung, auditorische Neurowissenschaften und Audiologie verfasst. Prof. Kollmeier wurde mit einer Reihe wissenschaftlicher Preise ausgezeichnet, darunter dem Forschungspreis Technische Kommunikation der Alcatel-Lucent-Stiftung, dem International Award der American Academy of Audiology und 2012 dem Deutschen Zukunftspreis (Preis des Bundespräsidenten für Technologie und Innovation). Er ist Präsident der Europäischen Föderation audiologischer Gesellschaften, sowie ehemaliger Präsident und Vorstandsmitglied der Deutschen Gesellschaft für Audiologie.

Wenn Technik den Nerv trifft – Strom für elektronische Pillen und fühlende Prothesen

Thomas Stieglitz

Einführung

Elektrizität in der Medizin ist schon seit dem Altertum bekannt. Seit dem Verzehr elektrischer Fische, über deren Anwendung bei Gicht und Rheuma, bis hin zu elektrisch aktiven Implantaten wie dem Herzschrittmacher sind nicht nur zwei Jahrtausende vergangen, es ist auch viel mehr Wissen hinzugekommen. Wir alle haben heutzutage Erfahrungen mit elektrischem Strom, manchmal positive und manchmal negative. Das

T. Stieglitz (✉)
Labor für Biomedizinische Mikrotechnik, Institut für Mikrosystemtechnik-IMTEK, Albert-Ludwigs-Universität Freiburg, Freiburg, Deutschland
E-Mail: stieglitz@imtek.uni-freiburg.de

© Der/die Herausgeber bzw. der/die Autor(en), exklusiv lizenziert durch Springer-Verlag GmbH, DE, ein Teil von Springer Nature 2020
M. C. Bauer und L. Deinzer (Hrsg.), *Bessere Menschen? Technische und ethische Fragen in der transhumanistischen Zukunft,* https://doi.org/10.1007/978-3-662-61570-6_8

141

Thema ist ambivalent besetzt und ruft darum vielleicht auch ein bisschen Skepsis hervor, wenn es um den Einsatz von elektrischem Strom in der Behandlung von Erkrankungen und in der Rehabilitation geht. Die Begrifflichkeiten, den medizinischen Einsatz von elektrischem Strom zu beschreiben, reichen vom „Reizstrom" bei der Physiotherapie bis hin zu „Neurotechnik", „Neuro Enhancement" und „bioelektronischer Medizin". Dieser Beitrag soll helfen, das Thema einzuordnen und anhand von zwei Beispielen zeigen, welche Möglichkeiten und Grenzen gegenwärtig existieren. Die Erkenntnis, dass Nerven elektrische Informationen leiten, geht auf Entdeckungen von Volta und Galvani gegen Ende des 18. Jahrhunderts zurück, wobei beide zunächst kontrovers über das Wirkprinzip gestritten haben. Zeitgenössische Darstellungen weisen darauf hin, dass damals die Gewinnung und Speicherung von elektrischer Energie ein großes Problem bei Versuchen zur elektrischen Stimulation von Nerven war. Auch mehr als 200 Jahre später ist diese Fragestellung, wie ich die Energie im Körper speichere und an das Zielorgan bringe, noch ein wichtiger Gegenstand der Forschung. Die Schwerpunkte liegen heute allerdings auf Fragen der Zuverlässigkeit und Langlebigkeit. Wenn wir von einer Lebenserwartung von heute geborenen Menschen von mehr als 80 Jahren ausgehen, so wünschen wir uns, dass Implantate mit ihrer darin enthaltenen Elektronik und Energieversorgung sicherheitshalber 100 Jahre halten, wenn sie bei Neugeborenen eingesetzt werden, so wie dies bei Cochlea-Implantaten zur Wiederherstellung des Hörvermögens geschieht. Ehrlicherweise müssen wir zugeben, dass solche elektrischen Geräte gegenwärtig noch nicht existieren und daher davon ausgegangen werden kann, dass ein Implantat über ein Menschenleben auch einmal oder mehrmals ausgetauscht werden muss, auch wenn medizinische Geräte eine höhere Zuverlässigkeit als Unterhaltungselektronik aufweisen.

Begriffsbestimmung und Verbreitung von Neurotechnik

Die Benennung des Einsatzes von elektrischem Strom in der Behandlung und Rehabilitation ist durchaus von Trends bestimmt: Funktionelle und Therapeutische Elektrische Stimulation (FES, TES), Transkutane Elektrische Neuromuskuläre Stimulation (TENS), Neuromodulation, Neurostimulation, transkutane Gleich- und Wechselstromstimulation (tDCS, tACS), tiefe Hirnstimulation, bioelektronische Medizin oder Elektrozeutika benutzen alle elektrischen Strom, um Nerven elektrisch zu erregen bzw. die Erregung durch elektrischen Strom zu beeinflussen. Die babylonische Sprachenvielfalt verwirrt, obwohl bei allen Methoden die gleichen Wirkmechanismen und Prinzipien zugrunde liegen. Weiterhin stellt sich die Frage, welche Wirkungen erzielt werden können und welche Nebenwirkungen dabei in Kauf genommen werden müssen. Auch sind die Verbreitung und der Reifegrad neurotechnischer Anwendungen in der Allgemeinmedizin und Bevölkerung noch nicht hinreichend bekannt. Eine kurze Übersicht soll helfen, diese Wissenslücke zu schließen.

Neurotechnische Implantate sind im Jahr 2020 aus der Nische heraus in der klinischen Praxis und in der Mitte der Gesellschaft angekommen (Stieglitz 2019). Der Herzschrittmacher als erstes elektrisch aktives Implantat wird pro Jahr über 500.000-mal eingesetzt. Mehr als 300.000 Cochlea-Implantate (CI) geben gehörlos geborenen

Kindern und Erwachsenen mit erworbener Gehörlosigkeit das Hörempfinden in gewissem Maße zurück. Die mit CIs früh versorgten Kinder können Regelschulen besuchen, mit Sprache kommunizieren und sogar telefonieren. Tiefe Hirnstimulation hilft Symptome bei Morbus Parkinson zu unterdrücken und wird auch bei essenziellem Tremor, Dystonie, zur Behandlung von Epilepsie und bei schwersten Zwangsstörungen eingesetzt. Bei mehr als 100.000 Implantaten ist dies ebenso wenig eine Nische wie die Stimulation des Vagusnerven zur Behandlung von Epilepsie mit noch mehr implantierten Patienten. Mehr als 34.000 Implantate pro Jahr zur Rückenmarkstimulation helfen Patienten, ihre chronischen Schmerzen zu unterdrücken und Dranginkontinenz zu lindern. Die Zahlen erreichen noch nicht diejenigen von Herzschrittmachern, was auch daran liegt, dass die Wirkweise im Nervensystem komplexer und noch nicht so gut verstanden ist wie im Herzen und daher die Behandlungen für eine gute Wirkung eine genauere Einstellung benötigen. Im Gegensatz zum Herzschrittmacher, der eine Vitalfunktion wiederherstellt und damit über Leben und Tod entscheidet, verbessern alle anderen neurotechnischen Implantate „nur" die Lebensqualität, sodass die Notwendigkeit ihres Einsatzes und das Abwägen von Nutzen und Risiko einen größeren Spielraum ohne Lebensgefahr bietet.

Neurotechnische Implantate: Funktion und Anforderungen

Neurotechnische Implantate stellen eine elektrische Schnittstelle zum Nerven zum Auslesen und Einschreiben von Signalen dar (Stieglitz 2019; Kohler et al. 2017). Da viele Prozesse im Körper über elektrische Signale gesteuert werden, kann und sollte eine gewünschte Wechselwirkung hergestellt werden. Dabei sollte der Strom sehr gezielt eingesetzt werden, damit es nicht zu einem elektrischen Schock kommt. Wie können wir uns das bildlich vorstellen? Wenn wir bei einer Erkrankung ein Medikament einnehmen, bindet der chemische Wirkstoff der Pille über Rezeptoren an die Zelle und ruft eine Wirkung hervor. Beispielsweise wird die Abwehrkraft der Zelle wieder gestärkt (Abb. 1).

In der bioelektronischen Medizin wird eine neurotechnische Verbindung zu Nerven des autonomen Nervensystems hergestellt (Abb. 2).

Je nachdem, welche Krankheit behandelt werden soll, wird die passende anatomische Zielstruktur ausgewählt und ein Implantat an diejenigen Nervenfasern angekoppelt, die dieses Organ innervieren. Das betroffene Organ kommuniziert über das autonome Nervensystem mit dem Gehirn, chemische Botenstoffe werden ausgeschüttet, elektrische Signale zurückgesendet. Viele Situationen, an denen das autonome Nervensystem beteiligt ist, sind miteinander verbunden. Bei starkem Harndrang steigt der Blutdruck und kalter Schweiß bricht aus. Wenn wir verliebt sind, haben wir „Schmetterlinge im Bauch", alles ist irgendwie beschwingt. Können wir diese

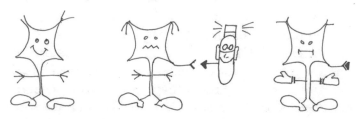

Abb. 1 Nervenzellen (links) haben Rezeptoren, mit denen bei Erkrankungen (Mitte) chemische Stoffe (Pharmaka) Wirkungen erzielen, beispielsweise eine verstärkte Abwehrkraft (rechts) (© Prof. Dr. Thomas Stieglitz)

Abb. 2 Organfunktionen werden (auch) durch das autonome Nervensystem beeinflusst (links). In der bioelektronischen Medizin stellt sich die Frage, an welcher Stelle eine neurotechnische Schnittstelle ideal mit dem Zielorgan wechselwirken kann (rechts) (© Prof. Dr. Thomas Stieglitz)

Nervensignale aufnehmen und die Information daraus entschlüsseln? Obwohl die Grundeinheit der elektrischen Kommunikation im Nervensystem, das Aktionspotenzial, schon lange bekannt ist, muss die Codierung, also die Sprache, mit der die einzelnen Organe ihre Signale senden, noch entziffert werden. Wie die Glukose- oder Insulinmenge bei jedem Menschen genau codiert ist oder wie 120 mm Hg Blutdruck aussehen, ist noch nicht entschlüsselt. Und wie müssen Signale aussehen, die in Nerven eingeschrieben werden, damit das Organ im Falle einer Erkrankung wieder erwünscht reagiert (Abb. 3)?

Aus diesen Fragen entstand im Jahre 2016 durch Investitionen in Höhe von 644 Mio. EUR die Firma Galvani Bioelectronics (https://www.galvani.bio/), um bioelektronische Behandlungsmöglichkeiten von Volkskrankheiten wie Diabetes mellitus, Asthma, rheumatische Arthritis und Morbus Crohn zu untersuchen. Nach vier Jahren gibt es erste Erfolge bei Grundlagenuntersuchungen, doch ist es noch ein langer Weg, bis die ersten Medizinprodukte in der breiten Praxis angekommen sind. Nicht nur der neuronale Code muss in vielen Fällen noch geknackt werden, auch müssen die Zellen dauerhaft so stimuliert werden, dass es zu keinem Zellstress oder gar

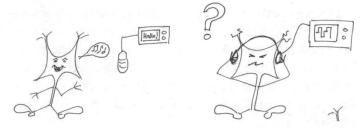

Abb. 3 Signale des Nervensystems sind elektrisch. Sollen Informationen ausgelesen (links) oder eingeschrieben (rechts) werden, so muss die „Sprache", also die Codierung der Signale, genau verstanden sein, um die Signale zu verstehen bzw. den gewünschten Effekt zu erzielen (© Prof. Dr. Thomas Stieglitz)

Abb. 4 Nervenzellen können elektrisch stimuliert werden (links) und senden die Aktionspotenziale dann weiter wie physiologische Signale. Haben die elektrischen Pulse eine zu große Landung oder kommen sie zu schnell hintereinander, so entsteht für die Nervenstellen Stress (Mitte), der bis zum Zelltod führen kann (rechts) (© Prof. Dr. Thomas Stieglitz)

unumkehrbaren Störungen kommt (Abb. 4). Zu starke elektrische Stimulation kann für Zellen gefährlich werden und sie zerstören, so wie auch der Elektrounfall tödliche Folgen haben kann.

Für eine dauerhafte Anwendung im Menschen müssen die technischen Systeme eine hohe Zuverlässigkeit aufweisen. Sowohl das salzhaltige Milieu als auch die Immunabwehr setzen den implantierten technischen Systemen zu. Viele Erfahrungen sind mit Herzschrittmachern gesammelt worden, die erstmals vor mehr als 60 Jahren

implantiert wurden. Die Materialauswahl, Fertigungstechniken, die Immunantwort des Körpers und Verfahren
zur Implantation (Abb. 5) stellen Ärzte und Ingenieure
immer noch vor große Herausforderungen bei der Entwicklung kleinster technischer Systeme, die möglichst
über Jahrzehnte stabil und funktional im Körper ver-
bleiben sollen.

Die Erwartungen an die technische Zuverlässigkeit sind
heute hoch und bei einer Zulassung eines neuen Medizin-
produktes müssen viele Tests bestanden werden, bevor
ein Produkt als sicher zugelassen wird. Im Schnitt dauert
eine solche Entwicklung um die zwölfeinhalb Jahre und
benötigt große Investitionen in Millionenhöhe, bevor ein
Patient versorgt werden kann.

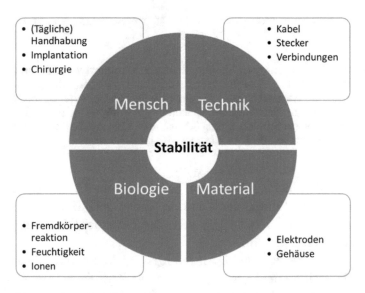

Abb. 5 Die Stabilität von neurotechnischen Implantaten
hängt nicht nur von der richtigen Auswahl von Materialien und
deren Wechselwirkung mit biologischen Prozessen ab, sondern
auch von robusten Fertigungstechniken und der Handhabung
während der Implantation (© Prof. Dr. Thomas Stieglitz)

Anhand von zwei Beispielen wird im Folgenden gezeigt, welche Anwendungen mit neurotechnischen Implantaten möglich sind. Der Technologiereifegrad ist bei beiden Anwendungen schon hoch, doch ist es noch ein weiter Weg bis zu einem fertigen Produkt.

Neurotechnik zur Behandlung von Bluthochdruck

Bluthochdruck betrifft weltweit viele Millionen von Menschen. Bei ungefähr einem Drittel greift die medikamentöse Therapie nicht. Daher haben sich einige Forschergruppen die Frage gestellt, welche Mechanismen es im Körper gibt, die den Blutdruck regulieren und ob neurotechnische Schnittstellen an ihnen angreifen können. Der Körper besitzt eigene Drucksensoren in den großen Schlagadern (Aorta carotis), mit denen er den Blutdruck misst und über Nervenfasern, die einen Ast des Vagusnerven bilden, elektrisch weiterleitet. Diese Signale können den sogenannten Baroreflex auslösen, bei dem sich die Blutgefäße weiten und dadurch den Blutdruck absenken. Es stellt sich nun die Frage, ob und wie dieser Reflex mit einem neurotechnischen Implantat so ausgelöst werden kann, dass der Blutdruck gesenkt wird, ohne dass all die anderen Nervenfasern des Vagusnerven erregt werden, die beispielsweise die Herz- und Atemfrequenz beeinflussen, oder Nebenwirkungen wie Drehschwindel, Erbrechen oder eine raue Stimme hervorrufen können. Auch wenn wir uns die Nervenfaserbündel manchmal gern wie Adern in einem Stromkabel vorstellen, sieht auch der Fachmann ihnen nicht wie der Elektriker an der Farbe der Isolation der Litzen an, welche Funktion sie haben. Daher leiten allzu mechanistische Bilder, so als ob ein Elektriker schnell den Vagusnerven anzapft oder repariert, in die Irre.

Für eine selektive elektrische Stimulation von Unter-
einheiten des Vagusnerven, mit dem Ziel, dadurch
nur denjenigen Ast zu beeinflussen, der die Blutdruck-
information trägt, haben wir eine Manschettenelektrode
mit acht Kontakten auf dem Umfang entwickelt und um
den Vagusnerven gelegt (Plachta et al. 2014). Auf diese
Weise kommt alle 45° auf dem Umfang ein Kontakt zu
liegen, unabhängig davon, wie diese Elektrode implantiert
wird. Nun wird nacheinander ein Kontakt nach dem
anderen mit Stimulationspulsen beaufschlagt und gleichzeitig der Blutdruck gemessen. Derjenige Kontakt, der bei
geringster Stromstärke den Blutdruck am meisten sinken
lässt, ist derjenige, der am nächsten an den gesuchten
Nervenfasern liegt. In präklinischen Studien konnte schon
gezeigt werden, dass bei dieser selektiven Stimulation
der Blutdruck sinkt, ohne dass die Herzfrequenz oder
Atmung beeinflusst werden. Wird der gesamte Vagus-
nerv stimuliert, so werden immer auch Herzfrequenz
und Atmung beeinflusst. Eine große Herausforderung
ist es bei diesem Ansatz, denjenigen Kontakt zu finden,
der am nächsten zu den Fasern liegt, die die Blutdruck-
signale übertragen. Bei jedem Menschen variiert der Ort
dieser Fasern ein wenig. Wir haben auch gezeigt, dass
die Kontaktpunkte gefunden werden können, wenn
ich die elektrischen Signale des Vagusnerven aufnehme
und mit den elektrischen Signalen des Herzens in eine
mathematische Verbindung bringe (Plachta et al. 2014).
Der Druckpuls kommt bei den Sensoren in den Schlagadern immer mit der ungefähr gleichen zeitlichen Verzögerung an, sodass sich die Drucksignale dadurch von
anderen Signalen auf dem Nerven trennen lassen. Diese
Signale sind allerdings so klein, dass es noch schwierig
ist, sie außerhalb eines Labors aufzunehmen. Daher wird
es für die nächste Zeit erst einmal beim beschriebenen
Ausprobieren bleiben. Wenn ich schließlich die richtigen

Punkte gefunden habe, soll das Implantat natürlich nicht mehr verrutschen und die Wirkung von Stimulation und Blutdrucksenkung soll immer die gleiche bleiben. Die Fremdkörperreaktion lässt das Implantat an Ort und Stelle bleiben, darf jedoch nur gering sein, weil die beteiligten Zellen das Implantat sonst elektrisch vom Nerven isolieren und der Strom nicht mehr die Zielzellen erreicht. Weitere wichtige Fragen betreffen die Codierung der Stimulationspulse (Plachta et al. 2016), die zeitliche Abfolge und die Frage, ob elektrische Stimulation auch hilft, wenn mit einer medikamentösen Behandlung (z. B. Clonidin, Enalapril) der Blutdruck bereits abgesenkt wird (Gierthmuehlen et al. 2016a, b). Auch hier sind erste präklinische Studien durchgeführt worden, die zeigen, dass der Blutdruck durch elektrische Stimulation weiter gesenkt werden kann. Aufbauend auf den guten Ergebnissen wurde die Firma neuroloop GmbH gegründet, die die Idee gegenwärtig in ein aktives implantierbares Medizinprodukt überführt, das dann in klinischen Studien validiert werden muss, um eine Zulassung zu bekommen. Wie gut das Produkt funktioniert und wie vielen Menschen geholfen werden kann, müssen dann sorgfältig geplante und durchgeführte klinische Studien zeigen.

Neurotechnik für fühlende Prothesen

Hochtechnologie hat in vielen Bereichen der Medizintechnik Einzug gehalten. Auch bei Prothesen werden leistungsfähige und leichtgewichtige Materialien eingesetzt, die einerseits Sportler bei den Paralympics zu Höchstleistungen führen und andererseits das Alltagsleben vereinfachen. Was allerdings bislang noch fehlt, ist das intuitive Gefühl, wo die Prothese gerade ist und was sie macht. Dieses „Gefühl" übertragen Sensoren in der Haut und in den Gelenken, die nach einer Amputation nicht mehr vorhanden sind. Forschergruppen arbeiten schon länger an der Frage, wie sich in Prothesen Sensoren einbauen lassen, die diese Informationen aufnehmen und dann an den Nutzer zurückmelden. Unterschiedliche nicht-invasive und invasive Ansätze werden nebeneinander entwickelt und auch an Patienten untersucht. Wir haben in europäischen Forschungsprojekten haarfeine Implantate für Nerven entwickelt (Boretius et al. 2010), mit denen unterschiedliche Nervenfaserbündel selektiv elektrisch erregt werden können. In einer ersten Studie wurden diese Elektroden eingesetzt, um die Kraft beim Greifen mit einer Handprothese durch Nervenstimulation zurückzumelden. Die europäische Medizinproduktegesetzgebung sieht hier für neue Ideen und Entwicklungen zunächst einen Implantationszeitraum von 30 Tagen vor, um die Sicherheit und grundlegende Funktionalität dieser Implantate zu überprüfen. Zunächst muss ausprobiert werden, welcher Stimulationskontakt beim Patienten welches Gefühl hervorruft und bei welchen Kontakten er den kleinen Finger oder den Zeigefinger spürt. Diese Kontakte werden dann für die Studien verwendet. Nachdem der Patient Gegenstände sicher greifen und sogar deren Festigkeit feststellen konnte (Raspopovic et al. 2014), wurden in einer zweiten Studie bei drei Patienten nach Amputation der Hand diese Elektroden bis zu sechs Monate eingesetzt (Petrini et al. 2019a). Ein längerer Zeitraum war nicht vertretbar, da noch Kabel durch die Haut geführt wurden, um die Implantate mit der Stimulationselektronik außerhalb des Körpers zu verbinden. Ein wichtiger Grund hierfür war die Tatsache, dass zu Beginn der Studien nicht absehbar war, wie die Stimulationspulse codiert sein müssen, um intuitiv die Signale der Griffkraft zu verstehen. Die

Ergebnisse der Studien waren sehr ermutigend. Die Patienten konnten nicht nur sicherer greifen, auch ohne auf die Hand zu schauen. Phantomschmerzen waren verringert und die Implantate wurden als Teil des eigenen Körpers empfunden. Die eingesetzten Mikroimplantate waren über den Implantationszeitraum stabil, sodass wir nun versuchen können, für dauerhafte Anwendungen zusammen mit Firmenpartnern ein voll implantierbares System zu entwickeln.

Zum Glück sind Amputationsverletzungen der Hand aufgrund von Arbeitsunfällen zurückgegangen. Es gibt aber krankheits- und unfallbedingt viel mehr Beinamputationen, sodass die Frage aufkam, ob der Ansatz nicht auch für die untere Extremität nützlich wäre. Gerade Menschen mit Amputationen oberhalb des Knies fehlt nicht nur die Information, wie gerade die Beschaffenheit des Untergrundes ist, sondern auch über die Stellung des Knies. In einer Studie mit drei oberhalb des Knies Amputierten wurden die haarfeinen Elektroden in die Nerven im Bein implantiert (Petrini et al. 2019b) (Abb. 6). Eine Sohle mit Drucksensoren für Zehen, Mittelfuß und Hacken wurde in einen Schuh gelegt und der Kniewinkel der Beinprothese wurde ausgelesen. Diese Daten wurden dann drahtlos an einen Rechner übertragen, der die Stimulationspulse für die Elektroden daraus berechnete. Auch hier wurden durch Ausprobieren diejenigen Stimulationskontakte gefunden, die ein Gespür für Kniewinkel, für Zehen, Hacken und Mittelfuß liefern. Mit dieser elektrischen Stimulation beim Gehen waren die Patienten schneller beim Treppensteigen, hatten beim Treten auf Hindernisse eine höhere Stabilität und mussten sich beim Gehen weniger konzentrieren, d. h. sie hatten mehr Kapazitäten für andere Dinge. Auch war ihr Energieumsatz mit der sensorischen Rückkopplung beim Laufen geringer.

Alle Patienten haben viel eigene Zeit und Energie in die Studien mit eingebracht. Wir sind jedes Mal dankbar, dass es Menschen gibt, die sich für Studien zur Verfügung stellen und aktiv mitarbeiten, wohlwissend, dass es für sie keinen kurzfristigen Vorteil bringt. Sie arbeiten mit, damit in der Zukunft andere Menschen von den Ergebnissen einen Nutzen haben und Ideen in Medizinprodukte überführt werden können.

Schlussfolgerungen

Neurotechnik und bioelektrische Medizin haben neben Pharmazeutika viel Potenzial für Behandlungsmethoden. Wie auch bei medikamentöser Behandlung mit Tabletten gilt es abzuwägen, was für welche Erkrankung möglich und notwendig ist. Erwartungen, Bedenken und Ängste müssen berücksichtigt werden. Informationen müssen verständlich sein und Fragen ernst genommen werden. Wirkung und Leistungsfähigkeit müssen immer gemeinsam im Zusammenhang mit technischer Limitation betrachtet werden. Mit jeder Wirkung kommt immer auch eine Nebenwirkung einher. Der Nutzen einer Anwendung muss diese Nebenwirkungen immer deutlich überwiegen, damit eine Behandlung oder ein Hilfsmittel auch gern angenommen wird. Es ist ein langer Weg, der bei einer Produktentwicklung von der ersten Idee bis zur Zulassung beschritten wird. Im Schnitt dauert solch eine Entwicklung zwölfeinhalb Jahre, wobei danach bei uns in Deutschland erst die Effizienz neuer Produkte nachgewiesen werden muss, um danach in den Genuss der Kostenerstattung durch die gesetzlichen Krankenkassen zu kommen. Trotz Ansätzen, neue und innovative Behandlungsverfahren beschleunigt in die Kostenerstattung zu überführen, kann sich das Ver-

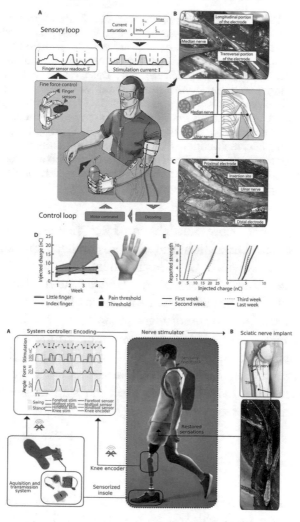

Abb. 6 Nach Verlust von Arm (oben, Raspopovic et al. 2014) (From: Raspopovic, S,. Capogrosso, M., Petrini, F. M., Bonizzato, M., Rigosa, J., Pino, G. D., Carpaneto, J., Controzzi, M., Boretius, T., Fernandez, E., Granata, G., Oddo, C. M., Citi, L., Ciancio, A. L., Cipriani, C., Carrozza,, M. C. Jensen,, W., Guglielmelli, E., Stieglitz, T., Rossini, P. M., Micera, S.: Restoring Natural Sensory Feedback in Real-Time Bidirectional Hand Prostheses. Sci. Transl. Med. 6 (22), 222ra19, 10 pages (2014). Nachdruck mit Erlaubnis

der AAAS.) oder Bein (unten, Petrini et al. 2019b) (From Petrini, F.M.*, Valle, G.*, Bumbasirevic, M.*, Barberi, F., Bortolotti, D., Cvancara, P., Hiairrassary, A., Mijovic, P., Sverrisson, A.Ö., Pedrocchi, A., Divoux, J.-L., Lechler, K., Mijovic, B., Guiraud, D., Stieglitz, T., Asgeir, A.+, Micera, S.+, Lesic,A.+, Raspopovic, S.: Enhancing functional abilities and cognitive integration of the lower limb prosthesis. Sci Translat Med. 11(512) eaav8939 (2019). Nachdruck mit Erlaubnis der AAAS.), können technische Systeme, die aus Sensoren in der Prothese und Elektroden im Nerven bestehen, Rückmeldungen über Griffkraft und Objektsteifigkeit bzw. Beschaffenheit des Bodens und den Kniewinkel liefern. Die Nutzer greifen bzw. gehen sicherer und müssen sich weniger auf ihre Tätigkeiten konzentrieren

fahren über Jahre ausdehnen. Hier besteht sicherlich Bedarf zur Diskussion mit den zuständigen Stellen wie dem Gemeinsamen Bundesausschuss, um Innovationen schneller zum Patienten zu bringen und dabei die Leistungsfähigkeit der neuen Ansätze kritisch zu bewerten. Bei neuartigen Behandlungsmethoden ist es für deren Akzeptanz oder Ablehnung wichtig, frühzeitig einen gesellschaftlichen Diskurs zu führen und miteinander zu entscheiden, welche Behandlungsmethoden gefördert werden sollen, wo Grenzen zu ziehen sind und wie wir miteinander leben wollen.

Literatur

Boretius, T., Badia, J., Pascual-Font, A., Schuettler, M., Navarro, X., Yoshida, K., & Stieglitz, T. (2010). A Transversal Intrafascicular Multichannel Electrode (TIME) to interface with the peripheral nerve. *Biosensors & Bioelectronics, 26*(1), 62–69.

Gierthmuehlen, M., Aguirre, D., Cota, O., Zentner, J., Stieglitz, T., & Plachta, D. T. T. (2016a). Influence of clonidine on antihypertensive selective vagal nerve stimulation in rats.

Neuromodulation: Technology at the Neural Interface, 19(6), 597–606.

Gierthmuehlen, M., Stieglitz, T., Zentner, J., & Plachta, D. T. T. (2016b). Haemodynamic responses to selective vagal nerve stimulation under enalapril medication in rats. *PlosOne, 11*(1), e0147045.

Kohler, F., Gkogkidis, C. A., Bentler, C., Wang, X., Gierthmuehlen, M., Fischer, J., Stolle, C., Reindl, L. M., Rickert, J., Stieglitz, T., Ball, T., & Schuettler, M. (2017). Closed-loop interaction with the cerebral cortex: A review of wireless implant technology. *Brain-Computer Interfaces, 4*(3), 146–154.

Petrini, F., Valle, G., Strauss, I., Granata, G., Di Iorio, R., D'Anna, E., Cvancara, P., Mueller, M., Carpaneto, J., Clemente, F., Controzzi, M., Bisoni, L., Carboni, C., Barbaro, M., Andreu, D., Hiairrassary, A., Divoux, J.-L., Cipriani, C., Guiraud, D., Raffo, L., Fernandez, E., Stieglitz, T., Raspopovic, S., Rossini, P., & Micera, S. (2019a). Six-months assessment of a hand prosthesis with intraneural tactile feedback. *Annals of Neurology, 85*(1), 137–154.

Petrini, F.M.*, Valle, G.*, Bumbasirevic, M.*, Barberi, F., Bortolotti, D., Cvancara, P., Hiairrassary, A., Mijovic, P., Sverrisson, A.Ö., Pedrocchi, A., Divoux, J.-L., Lechler, K., Mijovic, B., Guiraud, D., Stieglitz, T., Asgeir, A.[+], Micera, S.[+], Lesic,A.[+], Raspopovic, S. (2019b). Enhancing functional abilities and cognitive integration of the lower limb prosthesis. *Science Translational Medicine, 11*(512), eaav8939.

Plachta,D.T.T.*, Gierthmuehlen, M.*, Cota, O., Espinosa, N., Boeser, F., Herrera, T.C., Stieglitz,T.*, & Zentner, J.* (2014). Blood pressure control with selective vagal nerve stimulation and minimal side effects. *Journal of Neural Engineering 11*(3), 036011, 16 pages.

Plachta, D. T. T., Zentner, J., Aguirre, D., Cota, O., Stieglitz, T., & Gierthmuehlen, M. (2016). Effect of cardiac-cycle-synchronized selective vagal stimulation on heart rate and blood pressure in rats. *Advances in Therapy, 33*(7), 1246–1261.

Raspopovic, S,. Capogrosso, M., Petrini, F. M., Bonizzato, M., Rigosa, J., Pino, G. D., Carpaneto, J., Controzzi, M., Boretius, T., Fernandez, E., Granata, G., Oddo, C. M., Citi, L., Ciancio, A. L., Cipriani, C., Carrozza,, M. C. Jensen,, W., Guglielmelli, E., Stieglitz, T., Rossini, P. M., & Micera, S. (2014). Restoring natural sensory feedback in real-time bidirectional hand prostheses. *Science Translational Medicine, 6*(22), 222ra19, 10 Seiten.

Stieglitz, T. (2019). Why neurotechnologies? About the purposes, opportunities and limitations of neurotechnologies in clinical applications. *Neuroethics,* 1–12, https://doi.org/10.1007/s12152-019-09406-7.

Prof. Dr. Thomas Stieglitz schloss das Studium der Elektrotechnik an der TH Karlsruhe 1993 als Dipl.-Ing. ab. Er promovierte 1998 zum Dr.-Ing. (summa cum laude) und habilitierte sich 2002 an der Universität des Saarlandes. Von 1993 bis 2004 arbeitete er am Fraunhofer-Institut für Biomedizinische Technik in St. Ingbert/Saar auf dem Gebiet der Neuroprothetik. Seit 2004 ist er an der Albert-Ludwigs-Universität Freiburg als Professor für Biomedizinische Mikrotechnik am Institut für Mikrosystemtechnik (IMTEK) tätig. Er ist Koautor von ungefähr 130 wissenschaftlichen Zeitschriftenartikeln, über 300 Konferenzbeiträgen und Miterfinder von 25 Patenten. Er ist Mitgründer und Berater der neurotechnischen Spin-off Firmen Cortec, und neuroloop. Seine Forschungsinteressen liegen auf dem Gebiet der Neurotechnik, insbesondere der Entwicklung von Mikroimplantaten, Nervenschnittstellen und der biokompatiblen Aufbau- und Verbindungstechnik. Offenlegung: Thomas Stieglitz ist Gründungsgesellschafter der Firmen CorTec GmbH und neuroloop GmbH und im wissenschaftlichen Beirat beider Firmen.

Enabling-Technologien zwischen Normalität und Enhancement: 3D-gedruckte Prothesen für Kinder von Maker*innen

Melike Şahinol

Einleitung

Enabling-Technologien wird nachgesagt, dass sie den Sektor, in dem sie jeweils eingesetzt werden, radikal innovieren, was – auch in Kombination mit anderen Technologien – für Anwender die Steigerung von Leistung und Fähigkeiten bedeutet. Zu diesen Technologien gehört bspw. der 3D-Drucker (Berman 2012), der die Medizintechnik bereits revolutioniert hat. Denn mit dem 3D-Drucker werden Möglichkeiten des Ausruckens von u. a. Ersatzteilen für den Körper, z. B. eine Hand- oder Beinprothese, ermöglicht. Sie zählen daher zu den

M. Şahinol (✉)
Orient-Institut Istanbul, Istanbul, Türkei
E-Mail: sahinol@oiist.org

© Der/die Herausgeber bzw. der/die Autor(en),
exklusiv lizenziert durch Springer-Verlag GmbH, DE,
ein Teil von Springer Nature 2020
M. C. Bauer und L. Deinzer (Hrsg.), *Bessere Menschen?*
Technische und ethische Fragen in der transhumanistischen Zukunft,
https://doi.org/10.1007/978-3-662-61570-6_9

„ermöglichenden Technologien", die, wie der Name schon sagt, etwas ermöglichen sollen. Was sie allerdings ermöglichen (sollen), wird von den jeweiligen Akteur*innen unterschiedlich gedeutet und ist somit perspektivenabhängig. Dies ist z. B. auch bei den Prothesen der Fall, die das Maker*innen-Netzwerk „e-NABLE" für Kinder mit Fehlstellungen an der Hand im 3D-Verfahren kostenlos anfertigt. Während diese Maker primär durch die individuelle Gestaltung mit z. B. Superheld*innen ein Mehr für Kinder anstreben, möchten die Familien/ Eltern durch die Prothese hingegen oft Normalität für ihr Kind erreichen. Die Prothese und deren Bedeutung wird dementsprechend im Spannungsfeld Normalität und Enhancement umkämpft.

Während auf der einen Seite die „biostatistische Normalität" (Boorse 1977) so lange nicht erreicht wird, wie körperliche Fehlstellungen als nicht normal angesehen werden (zur Soziologie der Behinderung s. Kastl 2017), mündet auf der anderen Seite die haltlose technische Entwicklung von mechanischen hin zu bionischen Prothesen[1] – mit diversen zusätzlichen Möglichkeiten – in einem Cyborg (Haraway 1995a, b; Şahinol 2018; Spreen 2010, 2015). Welche Bedeutung sich durchsetzt, ist verknüpft mit der Frage, wie sich sowohl die technische Innovation als auch die damit verbundenen Implikationen im Sozialen weiterentwickeln. Dabei gilt es zu beachten, dass wir es einerseits mit sozialen Netzwerken, wie z. B. e-NABLE, zu tun haben, das sich selbst organisiert und immer weiter ausdifferenziert und kostenlos 3D-gedruckte Prothesen (samt diverser Open Source 3D-Modelle, Konstruktionsanleitungen und -videos, Informationsmaterial, weiterer Unterstützung etc.) für Bedürftige bereitstellt. Und dass wir andererseits über die additive Fertigungstechnik verfügen, die in und mit verschiedenen gesellschaftlichen Bereichen heterogen eingesetzt und kombinierbar wird (hier: Prothesenentwicklung mit Zusätzen wie Drohnen etc.).

Der folgende Beitrag zeigt anhand einer Analyse Entstehung und Entwicklung des e-NABLE-Netzwerks und diversen – auch bionischen – Prothesenmodellen für Kinder aus dem 3D-Drucker sowie aus einer teilnehmenden Beobachtung in Maker*innen-Labs und -gruppen, dass die Prothesenentwicklung für Kinder eher durch das Enhancement als durch (den Wunsch nach) Normalität charakterisiert ist und dies von angebotsstellenden Personen aus unterschiedlichen Gründen so forciert wird.

Innovation: Das Soziale und das Technische gemeinsam denken: die Maker*innen von 3D-gedruckten Prothesen

Als ein Netzwerk von Freiwilligen, verfolgt „e-NABLE" das Motto *„Enabling The Future – give the world a helping hand"*[2] und verbreitet kostenlose Prothesen aus dem 3D-Drucker. Netzwerke wie „e-NABLE" werden mit „Enabling Makers", also „Maker"-Netzwerken in Verbindung gebracht[3], wodurch freiwillige Akteur*innen des Netzwerks zu den sogenannten Maker*innen (Macher*innen) zählen, die sich u. a. aus Ingenieur*innen, Programmierer*innen, Mediziner*innen und Techniktüftler*innen zusammensetzen. Sie engagieren sich entweder als Mitglied von Unternehmen oder als Einzelpersonen und stellen ihre Expertise oder ihren 3D-Drucker zur Erstellung einer an den Kinderkörper individuell angepassten Prothese zur Verfügung. Dabei treten i. d. R.

Eltern an die Maker*innen heran, um Hilfe für ihre Kinder zu erbitten. Zumeist geht es ihnen darum, eine Möglichkeit zu finden, die es ihrem Kind erlaubt, eine Hand mit Fehlstellung „normal" einsetzen können, wobei es auch eine Rolle spielen dürfte, dass die 3D-gedruckte Prothese kostenlos angefertigt wird. Den Kindern wiederum scheint nicht nur die Funktionalität, sondern auch die grafische Gestaltung der Prothese wichtig zu sein.

Dem „Ethos des Netzwerks" entsprechend sind weder politische und/oder religiöse Ansichten noch kulturelle Unterschiede und/oder persönliche Differenzen von Bedeutung. Stattdessen soll gemeinsam daran gearbeitet werden, Open-Source-Lösungen im Bereich 3D-Druck für auf Prothesen angewiesene Kinder anzubieten. Im Fokus steht also die aktive weltweite Hilfeleistung für jene Bedürftige (größtenteils Kinder, aber auch Flüchtlinge), die beispielsweise Fehlbildungen an oder den Verlust von Fingern, Händen oder Armen aufzeigen, entweder von Geburt an oder verursacht durch Krieg, Krankheit oder Naturkatastrophen. Gerade weil e-NABLE eine „demokratische Innovationskultur" aufweist und „neue Wege des Produzierens und der Demokratisierung des [Prothesen-]'Machens'" (Hartmann et al. 2016, S. 26) einschlägt, gehört sie zu einer wichtigen Maker*innen-Bewegung. Aus der Sozialperspektive betrachtet, bringt sie durch technisch-materielle Innovationen im Bereich 3D-gedruckter Prothesen „auch eine Neuformierung gesellschaftlicher Felder" (Braun-Thürmann 2005, S. 7) mit sich und zwar im Bereich der Prothesenmedizin.

Der Beginn des Netzwerks ist auf das Jahr 2011 zurück-zuführen, als der Amerikaner Ivan Owen eine metallene mechanische Hand für eine Steampunk-Convention ent-wickelte und diese auf YouTube postete (HodgePunk 2011). Dieses Video wurde anschließend von einem Schreiner

namens Richard gesehen, der bei einem Holzarbeits-
unfall seine Finger verloren hatte. Aus Südafrika schrieb
er nun Ivan mit der Bitte an, eine ähnliche Konstruktion
als Fingerersatz für ihn zu entwickeln. Daraus ergab sich
eine fruchtbare Arbeitsbeziehung: Beide arbeiteten 10.000
Meilen voneinander entfernt an einer Lösung und stellten
innerhalb eines Jahres verschiedene Prototypen und Ent-
würfe her, welche sie sich per Skype und E-Mail gegen-
seitig vorstellten und miteinander diskutierten. Bei der
Herstellung der letztendlichen Prothese verwendeten sie
Objekte, die sowohl in ihrem Heimatland als auch im Land
des anderen erhältlich sind. Diese erfolgreiche Zusammen-
arbeit bildete schließlich den Anstoß der Netzwerkarbeit.
Denn Ivan begann bald, sich dem Bau einer zweiten
mechanischen Metall-Prothese zu widmen, die der fünf-
jährige Liam (HodgePunk 2012) aus Südafrika benötigte,
der ohne Finger an seiner rechten Hand geboren wurde. Für
den Bau dieser Prothese war eine umfangreiche Recherche
notwendig, in deren Rahmen Ivan auf die Geschichte von
Corporal Coles Hand stieß, die der australische Zahnarzt
Dr. Robert Norman in den frühen 1800er-Jahren aus Fisch-
bein, Kabeln und Rollen konstruiert hatte. Dies inspirierte
Ivan für das Design der heutigen Bausteine für jede
3D-Hand der e-NABLE Community.

Aber auch eine weitere wichtige Erkenntnis gewann
Ivan bei der Arbeit an dem ersten Prototyp der Hand,
nämlich, dass die Hand des Jungen schnell aus der
Prothese herauswachsen würde. Dies veranlasste ihn zur
Recherche über die Verwendung des 3D-Druckers und,
angeregt über die aussichtsreichen Verwendungsmög-
lichkeiten des Druckers für Prothesen, zum Erlernen des
Gebrauchs des Gerätes. Mit seinem Vorhaben, Prothesen
mit einem wirksamen und funktionalen Design mithilfe
des 3D-Druckers zu generieren, wandte sich Ivan

schließlich an eine 3D-Druckerfirma, die ihn mit zwei 3D-Druckern förderte und es damit ermöglichte, dass Liam im Dezember 2012 als weltweit erstes Kind eine mechanische 3D-gedruckte Hand erhielt. Das Design der Hand wurde bewusst nicht patentiert, sondern die Designdateien wurden als Open Source auf einer Public Domain veröffentlicht, damit sie weltweit heruntergeladen und gedruckt werden konnten. Auf dieser Grundlage konnte sich das Netzwerk aus gleichgesinnten Prothesenentwickler*innen bilden, wobei Prof. Jon Schull vom Rochester Institute of Technology (RIT) maßgeblich zur Gründung und Verbreitung des e-NABLE-Netzwerks beitrug.

Heute hat das Netzwerk über 7000 Mitglieder und konnte bisher mehr als 2000 Prothesen in über 45 Ländern spenden. Dabei hilft, dass es auf breite Kommunikations- und Informationsmöglichkeiten zurückgreifen kann: Es gibt nicht nur ein Forum für den Erfahrungsaustausch zwischen Maker*innen, Eltern und Kindern auf der e-NABLE-Plattform, sondern auch Tutorials, Support-Informationen, Konstruktionsanleitungen und -videos, verschiedene Designmodelle usw. (e-NABLE network 2019b). Das Netzwerk differenziert sich darüber hinaus zunehmend aus und es werden auch Kooperationen mit anderen Instituten etc. geschlossen, woraus z. B. das e-NABLE-Alliance-Netzwerk resultierte, ein Zusammenschluss von e-NABLE-Mitgliedern und der „Alliance for Project Based Learning Solutions", das insbesondere Frauen und Minderheiten im Erlernen von neuen Fähigkeiten und beim Zugang zu neuen Technologien unterstützt (ENABLE Alliance 2019).

Da 3D-gedruckten Prothesen eine besondere Bedeutung bei der morphologischen Veränderung von Kinderkörpern zukommt, lässt sich das nächste Kapitel an der Schnittstelle von Kindheits-, Körper- und Disability Studies verorten.

Über Cyborgs und Crips und das obsolet werdende Normale

Die haltlose technische Entwicklung von mechanischen hin zu bionischen Prothesen mündet im Cyborg (Haraway 1995a, b; Şahinol 2018; Spreen 2010, 2015), wobei diverse zusätzliche Möglichkeiten der individuellen Körpermodifikation entstehen. Ein bekanntes Beispiel ist James Young, dessen bionische Armprothese einen Laserpointer, eine Taschenlampe, einen USB-Port und eine Drohne enthält (Rodrigues 2016). Die „zukünftige" Prothese entwickelt sich nicht nur zu einem Hightech-Körperteil, sondern zu einer Technologie des Selbst:

> „Darunter sind gewusste und gewollte Praktiken zu verstehen, mit denen die Menschen nicht nur die Regeln ihres Verhaltens festlegen, sondern sich selber zu transformieren, sich in ihrem besonderen Sein zu modifizieren und aus ihrem Leben ein Werk zu machen suchen, das gewisse ästhetische Werte trägt und gewissen Stilkriterien entspricht." (Foucault 1989, S. 18)

Am Beispiel von Youngs bionischer Armprothese wird jedoch deutlich, dass die Verkopplung mit mindestens einem Informations- und Kommunikationsmedium die Körpergrenze und somit seine Fähigkeit erweitert („Human Enhancement", Coenen et al. 2010). Denn die technisch erweiterte bionische Armprothese hat gleichsam eine cyborgisierende Wirkung auf Menschen mit Behinderung (und andere). Womit gemeint ist, dass gerade Behinderte intensive Erfahrungen mit komplexen Hybridisierungen mit anderen Kommunikationsgeräten machen können, wie Haraway (1995b, 1991) erläutert. Hybridkonstellationen aus Organismus und einer

kybernetischen Apparatur sind kybernetische Organismen,
also Cyborgs *(cybernetic organism),* wobei ihre Gestalt –
der Körper bzw. die Körpererfahrung – nicht mit ihrer
Haut endet (Haraway 1995b, 1991). Wenn man dieses
Körperverständnis zugrunde legt, so würde die Drohe
in James Youngs bionischem Arm durchaus zu seinem
Cyborg-Körper gehören. Je augenscheinlicher Cyborgs
in der Gesellschaft werden, wird dies zweifelsohne
gesellschaftliche Norm- und Normalverständnisse verändern sowie das Verständnis von Behinderung, Normalität und Enhancement.

Mit „Normalität" und/oder „Normalisierung" (Link
2014) oder verwandten soziologischen Grundbegriffen
wie „Norm" (Schäfers 2016), „Habitus" (Bourdieu
2017), „Rahmen" (Goffman 1975), haben sich diverse
Soziolog*innen beschäftigt, genauso wie mit der Frage,
wie Normalisierung in der Gesellschaft durch z. B.
Disziplinierung (Foucault 1977) hergestellt wird. Von
Bedeutung ist hier die historische Auseinandersetzung
mit der Entwicklung der modernen Medizin und ihrer
Institutionalisierung sowie der Distinktion von „gesund"
und „krank". Auch andere historische Arbeiten, die das
Gesundsein als sowohl normalen als auch normativen
Zustand beschreiben (Canguilhem 1974), sind medizin-
soziologisch relevant. Dasselbe gilt für Ansätze an
der Schnittstelle von Medizin, Normalisierung und
Technisierung, welche betonen, dass die Technisierung
medizinischen Handelns sowie medizintechnische
Innovationen, die aufs Engste mit dem menschlichen
Körper verflochten sind, den Gesundheitszustand
gesellschaftlich wünschbar und sozial akzeptabel werden
lassen, indem sie dazu beitragen, den „Normalzustand"
durch präventive oder leistungssteigernde Maßnahmen auf
ein neues Niveau zu bringen (Feuerstein 2008; Link 2014;
Spreen 2015; Villa 2008).

Medizintechnologische Innovationen, die Behinderung betreffen (wie z. B. das Cochlea-Implantat) werden in bioethischen Diskursen und soziologischen Ansätzen vielseitig diskutiert. Zur Debatte stehen dabei bspw. Fragen danach, was Behinderung in Abgrenzung zum Normalen ist (Waldschmidt 2007; Waldschmidt und Schneider 2007) und wie die jeweilige Gesellschaft mit den neu aufkommenden Technologien und den damit verbundenen Fragen umgehen soll (Bentele 2001; Bühl 2009; Dahm 1998; Fink 2010; Kollek und Lemke 2008; Kreß 2013).

Behinderung wird als Querschnittsproblematik zwischen Medizin-, Gesundheits-, und Körpersoziologie diskutiert (Waldschmidt und Schneider 2002), wobei sich das sozialwissenschaftliche Modell von Behinderung vom medizinisch-naturwissenschaftlichen unterscheidet (vgl. u. a. Rehmann-Sutter et al. 2014, S. 3). Denn Letzteres beleuchtet insbesondere die Ausprägung der Art der Beeinträchtigung, während das soziale Modell soziale Prozesse der Benachteiligung, die soziale Konstruktion von Behinderung und/oder die soziale Dimension von Behinderung in den Fokus rückt (Kastl 2017; Waldschmidt und Schneider 2007). Dabei wird dem medizinischen Modell eine plausible, für die Medizin typische Sichtweise auf Behinderungsphänomene zugeschrieben, denn die Behinderung werde „nur unter dem Gesichtspunkt einer naturwissenschaftlich fassbaren Schädigung oder Funktionseinschränkung und ihrer individuellen rehabilitativen Kompensation her verstanden" (Kastl 2017, S. 47) und mit ökonomischen Aspekten verbunden. Das soziale Modell hingegen hat das Ziel, gleichberechtigte Lebensmöglichkeiten für behinderte Menschen herzustellen, mit dem Ziel der „Abschaffung segregierender Einrichtungen und physischer wie sozialer Barrieren" (ebd., S. 48). In diesem Sinne geht es um soziale Gerechtigkeit und

darum, dass Menschen mit Behinderung in der Gesellschaft anerkannt und in alle Bereiche des Lebens integriert
werden. Demnach basiert dieses Modell auf Rechten und
erklärt Behinderung als sozialpolitisch konstruiert. Zudem
wird kritisch beleuchtet, dass und inwiefern gesellschaftliche Normen, welche mit der Annahme verknüpft sind,
dass Menschen gewisse Fähigkeiten, wie z. B. sensorische
Sensibilität, motorische Geschicklichkeit, kognitive bzw.
psychische Fertigkeiten, besitzen, implizit festlegen, was
normal und was behindert ist (Kastl 2017; Oliver 1995).

Bei einem Kind, das z. B. mit dem
Amniotische-Band-Syndrom[4] geboren wurde, also mit
einer körperlichen Behinderung, kann keine Rede von
„biostatistischer Normalität" (Boorse 1977) sein. Daher
ist es unzulässig, dass das medizinische Modell für den
sozialen Umgang mit körperlich Behinderten ausschlag-
gebend ist (Kastl 2017). Fest steht jedoch: Angeborene
Fehlbildungen können soweit ausgeprägt sein, dass
Prothesen notwendig werden. Nicht nur Kinder mit
angeborenen Gliedmaßenfehlbildungen benötigen jedoch
Prothesen (Fichtner 1979), auch durch Unfälle, Krebs
und Infektionen verursachte Verluste von Gliedmaßen
oder spätere Amputationen können die Versorgung
durch Prothesen notwendig machen (Bochmann 1985;
Egermann und Thomsen 2003; Krepler et al. 2003;
Marshall 1985).

Einen wichtigen Beitrag zum Verständnis von
Behinderung fernab des *technological fix* Narrativs,
ein „Problem" mithilfe von Technik lösen zu müssen,
gewährt der noch recht junge Crip-Technoscience-Ansatz
(Hamraie und Fritsch 2019). Hier wird der behinderte
Körper nicht als Abweichung gegenüber dem Normalen
gesehen, den es zu normalisieren, reparieren oder verbessern bzw. aufzurüsten gilt. Feministisches STS würde,
so die Kritik, häufig den unkomplizierten „Cyborg"-Status

des behinderten Körpers als selbstverständlich ansehen, der als reibungslose Mensch-Maschine-Interaktion untersucht und gedeutet würde. Crip Technoscience sei eine Praxis, „Behinderung anders zu wünschen", eine Art zu wissen und mit Behinderung umzugehen, die weder eine Überwindung von Behinderung anstrebt noch den individuellen Unterschied feiert (Hamraie und Fritsch 2019). Der Crip-Technoscience-Ansatz legt nahe, dass Menschen mit Behinderung selbst zu Maker*innen werden:

> „Crip technoscience centers the work of disabled people as knowers and makers. Crip technoscience privileges disabled people as designers and world-builders, as knowing what will work best and developing the skills, capacities, and relationships to make something from our knowledge." (Hamraie und Fritsch 2019, S. 7)

Wie im nächsten Abschnitt deutlich sein wird, bieten 3D-gedruckte Prothesen nicht nur für Freiwillige, sondern auch für Betroffene eine Möglichkeit, im Sinne der Crip Technoscience, selbst ein*e Maker*in zu werden.

3D-gedruckte Prothesenmodelle für Kinder

In der Medizin ist der Bau von Prothesen für Kinder aufgrund ihres schnellen Wachstums aus unterschiedlichen Gründen eher „ineffizient", und Behandlungsmaßnahmen sind aus unterschiedlichen Gründen schwierig (Bochmann 1985; Rettig und van Bömmel 1963; Galway et al. 1985; Schäfer 2008). Obwohl dem das Gebot der Patient*innenfürsorge entgegensteht, erhielten Kinder bis zu den 1960ern erst ab der Pubertät Prothesen. Erst nach dem Contergan-Skandal in den 1970ern bemühten sich Mediziner*innen und Prothesenbauer*innen um eine an den jeweiligen Kinderkörper angepasste, individuelle Entwicklung von Prothesen für Heranwachsende (Kreuzinger 2005). Diese Prothesen wurden jedoch von den Kindern aus unterschiedlichen Gründen abgelehnt: Sie waren u. a. zu schwer oder die Kinder hatten bereits gelernt, ohne die ersetzte Gliedmaße auszukommen. Die frühzeitige prothetische Versorgung ist jedoch für die Ausbildung der motorischen Fähigkeiten wichtig, die die Entwicklung des Kindes in verschiedenen Bereichen beeinflusst. Damit sich z. B. die Kreativität des Kindes entfalten kann, muss es spielen, toben, malen und basteln können. Das Fehlen von Extremitäten beeinflusst darüber hinaus auch die gesamte körperliche Entwicklung des Kindes:

> „Insbesondere führt eine asymmetrische Körperhaltung zu einer einseitigen Belastung der Wirbelsäule. Aber auch die Biomechanik des Ganges wird stark beeinflusst, da ein Masseungleichgewicht des Oberkörpers durch das Fehlen einer Hand oder eines Arms durch Kompensationsbewegungen auch zu einer zusätzlichen Belastung von Sehnen, Bändern und Gelenken im Fuß-Bein-Bereich beim Gehen und Laufen führt." (Schulz 2015, S. 30)

Damit Kinder ihre Prothesen sinnvoll nutzen (können), müssen diese dementsprechend leicht sein und im Gewicht der fehlenden Gliedmaße ähneln. Hilfreich ist hier, dass es mit dem Aufkommen der 3D-Drucktechnik möglich wurde, neue und individuelle Prothesen zu entwickeln (Fastermann 2016), die vor allem mechanische Lösungen für das individuelle Problem bieten und zum jeweiligen Körper und Bedarf passen.

Es gibt unterschiedliche 3D-gedruckte Prothesen-modelle, deren Konstruktionspläne auf den Online-Seiten von e-NABLE zum Download zur Verfügung stehen. Sie lassen sich in drei Kategorien unterteilen: jene, die durch das Handgelenk gesteuert werden, jene, die durch den Ellenbogen gesteuert werden und jene, die der Kategorie „spezifisches Design" zuzuordnen sind, wobei Letztere für die Ausübung einer bestimmten Aktivität entwickelt wurden.

Zu den Prothesen, die über das Handgelenk gesteuert werden, gehören die Prothesenmodelle „Phoenix, Phoenix 2, Phoenix Reborn, Raptor, Raptor Reladed, Osprey Hand, Cyborg Beast, Talon Hand 2.X, Odysseus Hand, Flexy Hand" sowie „Flexy Hand 2" und der „Knick Finger". Um eines der Modelle nutzen zu können, muss der*die Benutzer*in über ein Handgelenk mit stabilem Aktionsradius und ausreichend Handfläche verfügen, denn es ist wichtig, gegen das Gerät drücken zu können. Die Beugung des Handgelenks bewirkt, dass sich die Finger an der 3D-Prothese schließen.

Zu den Prothesen, die über den Ellenbogen gesteuert werden, gehören der RIT-Arm sowie der Team-Unlimbited-Arm. Die Funktionsfähigkeit beider Modelle wird über den Ellbogen gewährleistet, denn der Schließmechanismus der Finger an der Prothese wird durch das Beugen des Ellbogens in Kraft gesetzt. Der Team-Unlimbited-Arm wurde für jene entwickelt, die über einen funktionellen Ellbogen und genügend Unter-arm, jedoch über kein oder nicht genügend Handgelenk verfügen, um die Prothese anzusteuern. Dieses Design ist für diejenigen gedacht, die zu viel Unterarm für den RIT-Arm haben, aber nicht genügend Handgelenk, um die Prothese über ein handgelenkgesteuertes Modell zu bedienen.

Daneben gibt es die beiden speziell angefertigten Modelle Shea's Bow Holder und Karuna's Trumpet Holder. Sheas Bogenhalter wurde mit einem festen Handgelenk entworfen, damit das Mädchen Shea auf ihrem Streichinstrument spielen kann. Und auch das zweite individuelle Modell wurde zur Bedienung von Musikinstrumenten entwickelt, nämlich als Karunas Trompetenhalter: Das 3D-Modell ist ein adaptives Gerät für die Verwendung einer Trompete (e-NABLE network 2019a).

Allen Prothesen, bis auf jenen, die speziell angefertigt wurden, ist gemeinsam, dass sie mechanisch sind und eine einfache Greifbewegung „ersetzen" sollen. Anders als Schmuckprothesen, die einen kosmetischen Ausgleich fehlender Gliedmaßen schaffen und zur Verbesserung des Gleichgewichtverhaltens dienen, sollen 3D-gedruckte Prothesen Nutzer*innen ohne obere Extremitäten verschiedene Handlungen ermöglichen, wie z. B. nach einer Plastikflasche zu greifen, jemandem die Hand zu geben, eine Tasche zu tragen etc. Allerdings ist mit der Greifbewegung über die Prothese eine dem „natürlichen" oder „normalen" Bewegungsablauf eher nicht entsprechende Bewegungsausübung verbunden. Denn will man z. B. mit dem Team-Unlimbited-Arm eine Plastikwasserflasche festhalten (eine Glasflasche wäre zu schwer und würde zudem abrutschen), so muss man sich erst einmal mit dem Oberkörper in die unmittelbare Nähe zum Gegenstand bewegen/beugen, denn nur mit der gleichzeitigen Beugung des Ellenbogens kann die Schließung der Prothese und somit das Festhalten des Gegenstands bewirkt werden. Beim „normalen" Bewegungsablauf müsste man nur den Arm ausstrecken, nach dem Gegenstand greifen und die Finger schließen.

Was aber die gedruckten 3D-Prothesen so reizvoll macht, ist ihre individuelle Gestaltbarkeit. Bevor eine solche Prothese für ein Kind hergestellt wird, führen e-NABLEr*innen vor Ort Gespräche mit den Eltern und dem Kind. Dabei zeigen sie anhand von Videos, Fotos oder älteren, bereits angefertigten Modellen, welche individuellen Gestaltungsmöglichkeiten das Kind hat. Viele Kinder wählen, wie erwähnt, eine Held*innen-figur und wählen für die Prothese ihre Lieblingsfarbe oder sogar Regenbogenfarben. Durch die Identifikation mit dem Superstar, soll, wie bereits gesagt wurde, laut der Vertreter*innen des e-NABLE-Netzwerks die Besonder-heit des Kindes, seine außergewöhnliche Stärke, hervor-gehoben werden. Das Kind soll sich nicht so fühlen, als fehle ihm etwas, sondern als habe es etwas, was andere Kinder nicht haben (siehe auch Online-Seiten des e-NABLE-Netzwerks).

Was das Kind tatsächlich fühlt, inwiefern es sich mit der Prothese bzw. dem Thema der Prothese identifiziert, bleibt jedoch letztlich offen. Nach außen hin wird die Außergewöhnlichkeit des Kindes durch die Prothese materialisiert und zur Schau gestellt. Manche Kinder berichten darüber, wie sehr sie es genießen, wenn sie von Fremden auf ihre Prothese angesprochen werden. Viele Kinder, die zum ersten Mal die Prothese mit zur Schule nahmen, berichten darüber, wie sie von ihren Mit-schüler*innen bewundert wurden. Manche Schüler*innen (ohne fehlende Gliedmaßen) wollten ebenfalls eine solche „Power-Hand" haben. Welche langzeitigen psycho-logischen Auswirkungen dies hat, bleibt jedoch leider ebenfalls eine offene Frage. Und: Zwar kann die Prothese durchaus funktionelle Aufgaben erfüllen, inwiefern die Prothese jedoch täglich genutzt wird und in der Alltags-bewältigung hilft, bleibt ebenfalls offen. Hierbei gilt es jedoch zu bedenken, dass Normalität aus unterschied-lichen Gründen erst gar nicht angestrebt und deshalb obsolet wird. Dass es nicht um Normalität, sondern um

Human Enhancement geht, wird auf den Web-Seiten dadurch deutlich, dass die Prothese als Träger und Symbol der „Superkraft" oder der „Heilkraft" des jeweiligen Kindes dargestellt wird. So wird in der Kategorie „Featured Stories" berichtet, wie „Real Life Superheroes Around The World" geschaffen werden, oder es wird über „Veronica The ‚Super Healer'" berichtet.

„Science Fiction becomes reality" – 3D-gedruckte Prothesenmodelle und das Obsoletwerden des Normalen

Mittlerweile haben sich andere Netzwerke und Firmen gebildet, die ebenfalls mit der 3D-Drucktechnik arbeiten und schon bionische Lösungen für Kinder anbieten. Open Bionics ist eine bekannte Plattform, die myoelektrische Prothesen, die auf Muskelsignale der Träger*innen reagieren, für Erwachsene und Kinder anbietet. Im Gegensatz zur gedruckten 3D-Prothese des e-NABLE-Netzwerks ist die bionische Prothese von Open Bionics klinisch zugelassen und besitzt eine Multi-Greif-Funktion, die es Nutzer*innen ermöglicht, einzelne Finger zu bewegen. Die Firma verfolgt der Eigendarstellung zufolge die Mission, bionische Extremitäten zu verschönern und durch den niedrigen Kostenfaktor zu verbreiten. Neben dem Verkauf von bionischen Prothesen stellt sie Maker*innen ihre Modelle auch *open source* zur Verfügung und wirbt mit dem Slogan *„turning disabilities into superpower"* (Open Bionics 2019c).

Ähnlich wie das e-NABLE-Netzwerk adressiert auch Open Bionics das Außergewöhnliche und Magische an ein Kind, das solch eine Prothese trägt. Auf ihren

Online-Seiten werden Menschen mit der bionischen Prothese als *bionic heroes* bezeichnet und einige von ihnen, darunter auch Kinder, als Mitglieder der Bionic-Familie vorgestellt, die *„embrace their individuality and break down barriers"* (Open Bionics 2019a). Open Bionics geht aber einen Schritt weiter und bekräftigt, dass Science Fiction zur Realität wird:

> „At Open Bionics, we turn children with limb differences into bionic heroes and make science fiction a reality. As if cutting-edge bionic arms weren't cool enough, we're incredibly fortunate to be working with Disney to develop a range of Hero Arm covers, starting with designs from the Star Wars, Marvel and Frozen universes. We've also worked with Eidos-Montreal to bring you super slick Deus Ex covers for the Hero Arm."

Auf den Internetseiten von Open Bionics sind neben diesen Beschreibungen, die das Außergewöhnliche des Kindes durch die Verwendung von Held*innenfiguren hervorheben, ähnlich wie es auf den e-NABLE-Seiten der Fall ist, auch Berichte von Kindern zu finden. Darin wird ein Junge zitiert, dessen bionischer Arm mit dem Roboter BB-8 aus Star Wars bedruckt wurde:

> "I love the Hero Arm and these new covers. I feel a lot like Luke Skywalker, my favourite Star Wars character, because he has a bionic hand too." (Open Bionics 2019b)

Luke, mit dem sich der zitierte Junge identifiziert, gehört zu einer der wichtigsten Held*innenfiguren von Star Wars, dem Science Fiction Film-Franchise, das im Kern aus drei Filmtrilogien besteht. Was Star Wars für die Prothesengestaltung im Zusammenhang mit der Cyborg-Thematik besonders macht, ist, dass darin eine

Reihe verschiedener Cyborg-Arten zu sehen sind. Diese Cyborgs, die nicht nur Menschen mit mechanischen und elektronischen Ersatzteilen sind, sondern auch andere Wesen, die Teile ihres biologischen Körpers bis auf das Gehirn ersetzen können, fließen als Bilder „gewöhnlicher" Mitbürger*innen der Galaxie in die Normalitätsvorstellungen der Star-Wars-Zuschauenden ein. Dies hat Konsequenzen für die gesellschaftliche Normalitätsvorstellung von Kindern mit solchen Prothesen, und zwar, dass das Normale obsolet wird. Mediale Prothesenbilder solcher Art (re-)produzieren dementsprechend gesellschaftlich divergierende Normalitätsvorstellungen, die dem Enhancement entsprechen. Dabei dient die Fiktion als psychologische Unterstützung.

Fazit

Anhand der Befunde aus der analytischen Betrachtung der Entstehung und Entwicklung des e-NABLE-Netzwerks und diversen – auch bionischen – Prothesenmodellen für Kinder aus dem 3D-Drucker sowie aus einer teilnehmenden Beobachtung in Maker*innen-Labs und -gruppen, die kostenlos gedruckte 3D-Prothesen für Kinder herstellen, lässt sich zum einen aufzeigen, welches technische und auch soziale Innovationspotenzial Maker*innen-Netzwerke, insbesondere jene, die gedruckte 3D-Prothesen kostenlos zur Verfügung stellen, haben. Zum anderen konnte herausgearbeitet werden, dass und inwiefern die Prothesenentwicklung für Kinder eher durch das Enhancement als durch (den Wunsch nach) Normalität charakterisiert ist. Da die Prothesenherstellung nicht durch das primäre Ziel der Herstellung von Normalität gekennzeichnet ist – sondern eher durch Science Fiction Held*innenfiguren, der Adressierung von Superkräften und der additiven Fertigungsmöglichkeiten (wie z. B. durch die zusätzliche Anbringung von Drohnen etc.) – wird auf lange Sicht das Enhancement begünstigt und Normalität obsolet. Wichtig wäre, den Bedeutungsverlust von Normalität im Licht des Human Enhancement zu diskutieren. Wenn es um Kinder mit Behinderung geht, sollte diese Diskussion im Rahmen der Schnittstelle von Kindheits- und Körpersoziologie in Verbindung mit dem Crip-Technoscience-Ansatz erfolgen. Denn der bietet die Möglichkeit, Kinder in die Prothesenentwicklung aktiv einzubinden. Dadurch rücken Kinder mit Behinderung nicht nur als Nutzer*innen von Prothesen (um dadurch ihre Behinderung zu überwinden), sondern auch als Gestalter*innen ihrer körperlichen Erscheinung in den Fokus.

Anmerkungen

1. Open Bionics hat z. B. im Jahr 2015 für seine bionische Hand aus dem 3D-Drucker einen Designpreis erhalten, s. https://www.golem.de/news/prothese-aus-dem-3d-drucker-guenstige-bionische-hand-gewinnt-designpreis-1508-115929.html (letzter Abruf: 15.03.2019).
2. Siehe enablingthefuture.org.
3. https://techcrunch.com/2015/07/19/enabling-makers-to-create-the-next-big-thing/?guccounter=1 (letzter Abruf: 15.03.2019).
4. Das ABS ist ein Fehlbildungssyndrom, welches nicht auf genetische Ursachen zurückzuführen ist und durch Einschnürung verursacht wird.

Literatur

Berman, B. (2012). 3-D printing: The new industrial revolution. *Business Horizons, 55*(2), 155–162.

Bentele, K. (2001). *Das Cochlea-Implantat: Versuch einer ethischen Bewertung.* Signum: Hamburg.

Bochmann, D. (1985). Prothetische Versorgung von Kindern. In J. P. Kostuik & R. Gillespie (Hrsg.), *Amputationschirurgie und Rehabilitation: Erfahrungen der Toronto-Gruppe.* Berlin: Springer.

Boorse, C. (1977). Health as a theoretical concept. *Philosophy of Science, 44,* 542–573.

Bourdieu, P. (2017). Habitus. In E. Rooksby (Hrsg.), *Habitus: A sense of place.* London: Routledge.

Braun-Thürmann, H. (2005). Soziologie der Innovation, In *Themen der Soziologie.* Bielefeld: transcript. https://www.transcript-verlag.de/978-3-89942-291-7/innovation/.

Bühl, A. (2009). *Auf dem Weg zur biomächtigen Gesellschaft?: Chancen und Risiken der Gentechnik.* VS Verlag: Wiesbaden.

Canguilhem, G. (1974). *Das Normale und das Pathologische.* München: Hanser.

Coenen, C., Gammel, S., Heil, R., & Woyke, A. (2010). *Die Debatte über „Human Enhancement".* Bielefeld: transcript.

Dahm, M. C. (1998). Taubheit: Das Recht auf Gehörlosigkeit oder die Chance mit einem „cochlear implant" zu hören? *HNO, 46,* 524–528.

e-NABLE network. (2019a). Build a hand. http://enablingthefuture.org/upper-limb-prosthetics/. Zugegriffen: 15. März. 2019.

e-NABLE network. (2019b). ENABLING THE FUTURE. A global network of passionate volunteers using 3D printing to give the world a helping hand. http://enablingthefuture.org/. Zugegriffen: 15. März. 2019.

Egermann, M., & Thomsen, M. (2003). Myoelektrische Prothesen bei Kindern im Kindergartenalter. *Der Orthopäde, 32,* 164–169.

ENABLE Alliance. (2019). ENABLE Alliance and APBLS – Alliance for Project Based Learning Solutions. http://enablealliance.org/. Zugegriffen: 14. Febr. 2019.

Fastermann, P. (2016). *3D-Drucken: Wie die generative Fertigungstechnik funktioniert.* Berlin: Springer.

Feuerstein, G. (2008). Die Technisierung der Medizin: Anmerkungen zum Preis des Fortschritts. In I. Saake & W. Vogd (Hrsg.), *Moderne Mythen der Medizin.* Wiesbaden: VS Verlag.

Fichtner, H.-J. (1979). Rehabilitation als Schlüssel zum Dauerarbeitsplatz. In H.-J. Fichtner (Hrsg.), *Rehabilitationsabklärung bei Kindern und Jugendlichen mit Gliedmaßenfehlbildungen* (S. 300–303). Berlin: Springer.

Fink, H. (Hrsg.). (2010). *Künstliche Sinne, gedoptes Gehirn: Neurotechnik und Neuroethik.* Paderborn: Mentis.

Foucault, M. (1977). *Überwachen und Strafen.* Suhrkamp: Frankfurt a. M.

Foucault, M. (1989). *Der Gebrauch der Lüste. Sexualität und Wahrheit 2.* Frankfurt a. M.: Suhrkamp.

Galway, H. R., Hubbard, S., & Howbray, M. (1985). Traumatische Amputationen im Kindesalter. In J. P. Kostuik & R. Gillespie (Hrsg.), *Amputationschirurgie und Rehabilitation: Erfahrungen der Toronto-Gruppe.* Berlin: Springer.

Goffman, E. (1975). *Stigma: Über Techniken der Bewältigung beschädigter Identität.* Frankfurt a. M.: Suhrkamp.

Hamraie, A., & Fritsch, K. (2019). Crip technoscience manifesto. *Catalyst: Feminism, Theory, Technoscience, 5*(1), 1–34.

Haraway, D. (1991). *Simians, cyborgs, and women: The reinvention of women.* London: Routledge.

Haraway, D. (1995a). Die Biopolitik postmoderner Körper: Konstitutionen des Selbst im Diskurs des Immunsystems. In D. Haraway (Hrsg.), *Die Neuerfindung der Natur.* Campus: Frankfurt a. M.

Haraway, D. (1995b). Ein Manifest für Cyborgs: Feminismus im Streit mit den Technowissenschaften. In D. Haraway (Hrsg.), *Die Neuerfindung der Natur.* Campus: Frankfurt a. M.

Hartmann, F., Mietzner, D., & Zerbe, D. (2016). Die Maker Bewegung als neues soziales Phänomen – Ergebnisse einer qualitativen Inhaltsanalyse ausgewählter Massenmedien. In. Wildau: Forschungsgruppe Innovations- und Regionalforschung (Research Group For Innovation and Regional Development).

HodgePunk. (2011). Large Mechanical Hand. https://youtu.be/dEHiAItVdiw.

HodgePunk. (2012). Liam's progress with finger prosthesis. https://youtu.be/OBUBLTgWEHw.

Kastl, J. M. (2017). *Einführung in die Soziologie der Behinderung.* VS Verlag: Wiesbaden.

Kollek, R., & Lemke, T. (2008). *Der medizinische Blick in die Zukunft: Gesellschaftliche Implikationen prädiktiver Gentests.* Frankfurt a. M.: Campus.

Krepler, P., Dominkus, M., Toma, C. D., & Kotz, R. (2003). Die endoprothetische Versorgung an den Extremitäten bei Kindern nach Resektion primär maligner Knochentumoren. *Der Orthopäde, 32,* 1013–1119.

Kreß, H. (2013). Ethik Reproduktionsmedizin im Licht von Verantwortungsethik und Grundrechten. In K. Diedrich, M. Ludwig, & G. Griesinger (Hrsg.), *Reproduktionsmedizin.* Heidelberg: Springer.

Kreuzinger, J. (2005). Prothetische Versorgung Contergangeschädigter. In M. A. Rauschmann, L. Zichner, & K. Thomann (Hrsg.), *Die Contergankatastrophe- Eine Bilanz nach 40 Jahren.* Steinkopff: Darmstadt.

Link, J. (2014). Disziplinartechnologien/Normalität/Normalisierung. In C. Kammler, R. Parr, U. J. Schneider, & E. Reinhardt-Becker (Hrsg.), *Foucault-Handbuch: Leben — Werk — Wirkung.* Stuttgart: J. B. Metzler.

Marshall, M. (1985). Die obere Extremität bei Kindern. In J. P. Kostuik & R. Gillespie (Hrsg.), *Amputationschirurgie und Rehabilitation: Erfahrungen der Toronto-Gruppe.* Berlin: Springer.

Oliver, M. (1995). *Understanding disability: From theory to practice.* New York: Macmillan International Higher Education.

Open Bionics. (2019a). Bionic heros. https://openbionics.com/bionic-heroes.

Open Bionics. (2019b). Hero arm disney covers. https://openbionics.com/disney/. Zugegriffen: 9. Apr. 2019.

Open Bionics. (2019c). Open Bionics. https://openbionics.com/. Zugegriffen: 1. Apr. 2019.

Rehmann-Sutter, C., Eilers, M., & Grüber, K. (2014). Refocusing the Enhancement Debate. In M. Eilers, K. Grüber, & C. Rehmann-Sutter (Hrsg.), *The human enhancement debate and disability: New bodies for a better life.* London: Palgrave Macmillan.

Rettig, H., & van Bömmel, G. (1963). Zur Behandlung schwerer Gliedmaßenmißbildungen. *Deutsche Medizinische Wochenschrift, 88,* 1731–2135.

Rodrigues, J. M. (2016). London man receives bionic arm with a USB port and built-in flashlight, inhabitat, Accessed 02 April. https://inhabitat.com/london-man-receives-bionic-arm-with-a-usb-port-and-built-in-flashlight/.

Şahinol, M. (2018). Die Überwindung der ,Natur des Menschen' durch Technik. Körper-Technik-Verhältnisse am Beispiel der Cyborgkonstitution in den Neurowissenschaften. In B. P. Goecke & F. Meier-Hamidi (Hrsg.), *Designobjekt Mensch? Transhumanismus in Theologie, Philosophie und Naturwissenschaften.* Basel: Herder.

Schäfer, M. (2008). Exoskeletale prothetische Versorgungsmöglichkeiten nach angeborenen oder erworbenen Defekten an den oberen Extremitäten. *Handchirurgie, Mikrochirurgie, Plastische Chirurgie, 40,* 46–59.

Schäfers, B. (2016). Soziales Handeln und seine Grundlagen: Normen, Werte, Sinn. In B. Schäfers (Hrsg.), *Einführung in Hauptbegriffe der Soziologie.* Heidelberg: Springer.

Schulz, S. (2015). Eine bionische Handprothese für Kinder und Jugendliche. *Orthopädie Technik, 2015,* 30–35.

Spreen, D. (2010). Der Cyborg: Diskurse zwischen Körper und Technik. In E. Esslinger (Hrsg.), *Die Figur des Dritten.* Frankfurt a. M.: Suhrkamp.

Spreen, D. (2015). *Upgradekultur: Der Körper in der Enhancement-Gesellschaft.* Bielefeld: transcript.

Villa, P.-I. (Hrsg.). (2008). *Schön normal: Manipulationen am Körper als Technologien des Selbst.* Bielefeld: transcript.

Waldschmidt, A. (2007). Die Macht der Normalität: Mit Foucault „(Nicht-)Behinderung" neu denken. In R. Anhorn, F. Bettinger, & J. Stehr (Hrsg.), *Foucaults Machtanalytik und Soziale Arbeit: Eine kritische Einführung und Bestandsaufnahme.* Wiesbaden: VS Verlag.

Waldschmidt, A., & Schneider, W. (2002). Soziologie der Behinderung. Aktueller Stand und Perspektiven einer speziellen Soziologie. In Jutta Allmendinger (Hrsg.), *Entstaatlichung und Soziale Sicherheit. Verhandlungen des 31. Kongresses der Deutschen Gesellschaft für Soziologie in Leipzig 2002, Beiträge aus den Arbeitsgruppen, Sektionssitzungen und Ad-hoc-Gruppen, auf CD-ROM veröffentlicht.* Opladen: Leske und Budrich, o.S.

Waldschmidt, A., & Schneider, W. (2007). Disability Studies und Soziologie der Behinderung. Kultursoziologische Grenzgänge–eine Einführung. In A. Waldschmidt & S. Werner (Hrsg.), *Disability Studies, Kultursoziologie und Soziologie der Behinderung. Erkundungen in einem neuen Forschungsfeld* (S. 9–28). Bielefeld: transcript.

Dr. Melike Şahinol studierte Soziologie, Politikwissenschaften und Psychologie an der Universität Duisburg-Essen und promovierte 2015 im Fach Soziologie an der Eberhard-Karls Universität Tübingen. Sie erhielt mehrere Fellowships, darunter eines im Programm „Science, Technology and Society" (STS) an der Kennedy School of Government der Harvard University. Seit Mai 2015 ist sie als wissenschaftliche Mitarbeitern am Orient-Institut Istanbul angestellt und leitet den Forschungsbereich „Mensch, Medizin und Gesellschaft". Şahinol hat 2017 die Gründung des Türkischen Netzwerks für Science and Technology Studies, STS TURKEY, maßgeblich mit initiiert und setzt sich für die Etablierung von STS in der türkischen Wissenschaftslandschaft ein.

Ein europäisches Sozialkreditsystem als pragmatische Notwendigkeit?

Stefan Lorenz Sorgner

Smartwatches, das Internet der Dinge und eine ständig wachsende Anzahl selbstfahrender Autos sind heute ein fester Bestandteil unserer Lebenswelt. Es wäre naiv, anzunehmen, dass alle diese Entwicklungen damit abgeschlossen sind. Vor etwa 6 Mio. Jahren existierte der letzte gemeinsame Vorfahre von Menschen und Menschenaffen. Die kommerzielle Nutzung des Internets wurde vor weniger als 30 Jahren etabliert. Wir müssen erkennen, dass sich das digitale Zeitalter noch im Anfangsstadium befindet und weltweit bereits erhebliche Auswirkungen auf unsere Lebenswelten hat.

S. L. Sorgner (✉)
John Cabot University, Rom, Italien
E-Mail: stefan@sorgner.de

© Der/die Herausgeber bzw. der/die Autor(en),
exklusiv lizenziert durch Springer-Verlag GmbH, DE,
ein Teil von Springer Nature 2020
M. C. Bauer und L. Deinzer (Hrsg.), *Bessere Menschen?*
Technische und ethische Fragen in der transhumanistischen Zukunft,
https://doi.org/10.1007/978-3-662-61570-6_10

183

Digitalisierungsprozesse verändern auch die Potenziale anderer aufstrebender Technologien, unter denen die große Vielfalt der Gentechnik besonders hervorzuheben ist. Die Genschere CRISPR/Cas9 könnte sogar die wichtigste wissenschaftliche und technologische Erfindung dieses Jahrzehnts sein (Appasani 2018). Doch ohne die Anwendung digitaler Technologien auf Gene, die mithilfe von Big Gene Data erfolgt, könnten Gentechnologien ihr volles Potenzial nicht ausschöpfen. Das größte Potenzial für eine radikale Veränderung unserer Lebensweise liegt im Schnittpunkt dieser bahnbrechenden Technologien (Stiftung Datenschutz 2017).

Alle Prozesse der Lebenswelt werden digitalisiert. Autonome Autos erobern die Straßen. Blockchain-Technologien dezentralisieren das Internet. Kryptowährungen greifen die Relevanz von Banken an. Smart Cities werden entwickelt. Doch wenn der Mensch gleich bliebe, könnten all diese Prozesse einen wesentlichen Teil ihrer Wirkung nicht entfalten. Smart Cities brauchen geupgradete Menschen. Elon Musks Neuralink und alle anderen Unternehmen, Institute und Task Forces, die an Brain-Computer-Schnittstellen arbeiten, werden den größten Einfluss auf die Zukunft des menschlichen Gedeihens in den kommenden Jahrzehnten haben. Hieraus ergeben sich neue soziale Herausforderungen, denen wir uns stellen müssen (Sorgner 2017).

Wir waren immer schon Cyborgs[1]

Nach der Verlagerung der Informationsverarbeitung von der analogen in die digitale Welt der Computer hat sich der Prozess der Mobilisierung dieser Systeme von schwerfälligen PCs hin zu viel praktischeren Smartphones entwickelt. Um jedoch noch schneller und einfacher auf digitale Informationen zugreifen zu können und eine effiziente Interaktion zwischen uns und autonomen

Autos, dem Internet der Dinge und allen anderen Aspekten einer Smart City gewährleisten zu können, ist es notwendig, Computer stärker in unsere Körper zu integrieren. Genau daran wird intensiv gearbeitet. Die einzelnen Komponenten, die derzeit im Smartphone vorhanden sind, müssten daher durch neue Geräte ersetzt werden. Der Computermonitor ist zu einer Smartphone-Oberfläche geworden, die sich gerade im Prozess befindet, immer näher an die menschlichen Sehnerven angeschlossen zu werden. Digitale Brillen, wie die nicht mehr produzierten von Google-Glass, sind in dieser Hinsicht nur ein Übergangsmedium und werden zunehmend in den Menschen integriert. Google hat bereits Kontaktlinsen entwickelt, die in der Lage sind, den Glukosewert der Tränenflüssigkeit des Auges zu messen. Diabetiker müssen diesen täglich überprüfen, was in der Regel durch Blutentnahme durch Injektionen geschieht. Die Implantation von Linsen im Auge und die anschließende sofortige Stimulation der Sehnerven wären die nächsten Entwicklungsschritte. Wenn keine Benutzeroberfläche mehr vorhanden ist, ist es sinnvoll, den Chip in den Körper zu integrieren. Derzeit wird die Außenseite der Hand zwischen Daumen und Zeigefinger häufig für die Aufnahme eines Chips verwendet, um Türen auf diese Weise zu öffnen. Ein schwedisches Unternehmen bietet seinen Mitarbeitern bereits an, einen solchen Chip zu verwenden. In Schweden kann man sich ebenso den Reisepass bereits als Chip implantieren lassen. Die Möglichkeiten eines solchen Chips gehen jedoch weit über solch einfache Anwendungen hinaus, da es sich im Prinzip schon heute um einen gleichwertigen Computerersatz handelt. Die Steuerung eines solchen Chips muss ohne das Vorhandensein eines zusätzlichen externen Geräts revolutioniert werden. So wie Maus und Tastatur durch Wisch- und Sprachtechnologie ersetzt wurden, werden auch für einen implantierten Computer neue Bedienelemente benötigt. Bereits 2016 benutzte eine meiner Studentinnen das Kontrollarmband Myo für eine Präsentation im Unterricht, das über Bluetooth mit dem Computer verbunden ist und es dem Träger ermöglicht, eine Power-Point-Präsentation mithilfe von Gesten zu steuern. Gestensteuerungssysteme verändern die Choreografie der Mensch-Maschine-Interaktion radikal. Auch ein in den Körper integriertes System könnte auf diese Weise betrieben werden; Wischen über die Geräteoberfläche und eine externe Maus würden überflüssig. Auch für die Texteingabe ist weder eine analoge noch eine digitale Tastatur erforderlich. Sprachbefehle können bereits jetzt verwendet werden. Inzwischen wird jedoch intensiv daran gearbeitet, die Steuerung über Tastatur und Sprache gänzlich zu vermeiden, indem versucht wird, Gedanken direkt in digitale Informationen zu übersetzen. So wären nur Gedanken notwendig, um einen Text über ein Brain-Computer-Interface zusammenzustellen. Ein Team um Tanja Schultz von der Universität Bremen war für die Grundlagenforschung auf diesem Gebiet verantwortlich. Inzwischen hat Facebook diese Idee aufgegriffen und beschäftigt ein Team von 60 Mitarbeitern, um dieses Wissen in die Praxis umzusetzen.[2] Die Zukunft des Tippens ist das Denken. Aus dem PC wurden Smartphones, die auf die Größe eines kleinen Chips reduziert werden, mit dem unser Körper in Richtung seiner transhumanen Existenz aufgewertet wird.

Handelt es sich hierbei um eine kategorial neue Entwicklung? Gehen wir hier über unser bisheriges Menschsein hinaus? Werden wir jetzt zu Cyborgs? Es ist zentral für die Einschätzung dieser neuen Technologien, dass wir stets Cyborgs gewesen sind (vgl. Haraway 1991; Hayles 1999). Das Wort „Cyborg" bedeutet „kybernetischer Organismus", wobei sich „kybernetisch" vom Altgriechischen

„*kybernetaes*" (κυβερνήτης) ableitet, was „Steuermann" bedeutet. Cyborgs sind also gesteuerte Organismen. Steuerung geschieht bereits mit der Menschwerdung. In der Philosophie wurde der Mensch meist durch die Sprachfähigkeit definiert. Das Erlernen von Sprache ist unser erstes Upgrade, das unsere Eltern uns verpassen. Unsere Cyborgisierung setzt sich mit dem Erlangen von neuen Fähigkeiten, wie etwa dem Erlernen von Mathematik, Geschichte etc., fort. Derzeit entsteht jedoch eine neue Dynamik. Die Steuerung wird potenziert, etwa durch Genome Editing (Genmodifizierung) und Brain-Computer-Interfaces. Immer kleinere Chips wandern in unsere Körper und bilden dort Schnittstellen zu Nervenzellen oder Organen, um mittels Sensoren wertvolle Informationen über unseren Körper zu sammeln. Diese technischen Entwicklungen setzten einen Prozess fort, der mit unserem ersten Upgrade der Sprachentwicklung begann. Mit der Integration der digitalen Technologien in unser Menschsein entstehen neue Möglichkeiten sowie auch gravierende Herausforderungen. Beide Aspekte stehen mit der totalen Überwachung in Verbindung.

Persönliche Interessen an der Überwachung

Dieses Verfahren hat in vielerlei Hinsicht enorme Vorteile. So kann beispielsweise die ständige Überwachung des eigenen Körpers entscheidend für die Bereitschaft zur Bekämpfung alterungsbedingter Prozesse sein (vgl. Sorgner 2019). Sobald sich der Blutzuckerspiegel, der Cholesterinspiegel oder der Blutdruck auf problematische Weise zu verändern scheint, könnten Menschen digital gewarnt werden. Das Problem könnte so sofort nach dem

Auftreten und nicht erst dann gelöst werden, wenn es weit fortgeschritten ist. Auf der Grundlage dieser Technologien könnte sogar eine vorausschauende Instandhaltung des Menschen möglich sein, welche bereits bei Maschinen angewandt wird. Sensoren innerhalb eines Flugzeugs können uns sagen, dass ein bestimmter Teil des Triebwerks innerhalb der nächsten sechs Monate gestört sein könnte. Durch analoge Maßnahmen können Gefahren für das menschliche Leben reduziert oder ausgeschlossen werden. Mit RFID-Chips, die in den menschlichen Körper gelangen, können wir die vorausschauende Instandhaltung der menschlichen Gesundheit realisieren. Forscher der Tufts University haben bereits einen in einem Zahn implantierten Sensor entwickelt, der jeden Biss verfolgt.[3] Weiterhin könnten solche Sensoren ein ganzes Internet der körperlichen Dinge bilden, das dann mit dem normalen Internet der Dinge interagieren kann. Die Möglichkeiten dieser Art der Körperüberwachung sind enorm und dürften für die Bekämpfung alterungsbedingter Prozesse von großer Bedeutung sein. Hier kommt der Aspekt des menschlichen Florierens zum Tragen. Technologien haben stets die Wahrscheinlichkeit eines erfüllten Lebens erhöht, und der Mensch hat eine große Vielfalt an Zielen. Dennoch gibt es einige Herausforderungen, die für die meisten von uns problematisch sind, wie etwa der Alterungsprozess (vgl. Ehni 2018).

Politische Interessen an der Datenerhebung

Das größte Potenzial für eine radikale Veränderung unserer Lebensweise liegt im Schnittpunkt von digitalen und genetischen Technologien. Eine zentrale Voraussetzung für die Anwendung der neuesten Techniken ist das Vorhandensein von Daten zu Korrelationen von Genen und Krankheiten und psychologischen und physiologischen Eigenschaften, da hierin die Voraussetzung der Anwendung von verbessernden Gentechniken besteht, wie etwa des Genome Editings, der Selektion nach künstlicher Befruchtung und Präimplantationsdiagnostik sowie auch des Bioprinting (Sorgner 2016).

Die Relevanz der Erhebung einer breiten Palette personalisierter digitaler Daten geht über die gerade erwähnten Gründe für das individuelle Wohlergehen hinaus. Die Erfassung digitaler Daten ist auch für die Politikgestaltung, für internationale wie nationale politische Entscheidungen sowie für alle Bereiche wirtschaftlicher Prozesse relevant. Die folgenden Beispiele gehen auf eine kurze Auswahl an Gründen ein, warum es für uns keine realistische Option ist, die Datenerfassung zu unterlassen.

Der zentrale politische Grund für die umfassende Datensammlung ist, dass wir in einer globalisierten Welt leben und dass Daten das neue Öl sind, wie viele Experten betonen. Öl bedeutet Macht und finanzielles Florieren (Bacon 1859). Angesichts dieser Erkenntnis ist es keine realistische Option, keine personalisierten digitalen Daten zu sammeln. Digitale Daten sind eine zentrale Säule für den wirtschaftlichen Aufschwung. Es gibt noch andere Säulen wie das Ingenieurwesen oder natürliche Ressourcen, aber die Nutzung aller anderen Sektoren kann nur dann bestmöglich realisiert werden, wenn auch eine angemessene Datengrundlage berücksichtigt werden kann, und die Bedeutung der Daten wird in Zukunft weiter zunehmen, wenn spezialisierte Daten verfügbar sein werden. Länder und Institutionen, die auf diese Weise Daten sammeln, haben die bestmögliche Grundlage für die Realisierung eines weiteren wirtschaftlichen Aufschwungs, d. h. Google, Facebook und China.

In China wird ab 2020 ein Sozialkreditsystem flächendeckend angewendet werden. Die Menge an digitalen Daten, die auf diese Weise erhoben wird, ist kaum zu unterschätzen. Je mehr digitale Daten verfügbar sind, desto mehr Macht und Geld kann realisiert werden. Europa hingegen hat Datenschutzbestimmungen institutionalisiert, die der Möglichkeit einer hilfreichen Erfassung digitaler Daten entgegenstehen. Europa hatte gute Absichten, aber aufgrund der realisierten Regelungen werden viele grundlegende europäischen Interessen untergraben. Detaillierte digitale Daten für die wissenschaftliche Forschung, politische Entscheidungsprozesse sowie wirtschaftliche Planungsvorgänge werden nicht verfügbar sein. Doch sie werden dringend benötigt. Daher ist zu erwarten, dass die gesellschaftlichen Folgen für Europa verheerend sein werden, falls wir die Möglichkeit der umfassenden Datensammlung weiter verhindern sollten, da Europa von China in diesem Fall entsprechende Daten abkaufen müsste. Es ist jedoch noch nicht zu spät, diesen Entwicklungen entgegenzuwirken.

Ein Europäisches Sozialkreditsystem als eine pragmatische Notwendigkeit

Die umfassende Datensammlung ermöglicht auch die Realisierung eines Europäischen Sozialkreditsystems, wodurch bereits bestehende solche Elemente (Schufa, Führungszeugnis, amtsärztliche Untersuchung) durch verlässlichere ersetzt werden. Dies könnte etwa zur Folge haben, dass mittels Datenkapital sozial schlechter Gestellte Kreditwürdigkeit erlangen. Im Unterschied zum chinesischen System sollte es auf der Norm der Freiheit aufgebaut sein.

Je intensiver die Überwachung, umso höher die Wahrscheinlichkeit, eine kriminelle oder moralisch verwerfliche Handlung nicht zu begehen, aber auch die Wahrscheinlichkeit von Sanktionen für moralisch verwerfliches Handeln (Sorgner 2017). Es gibt jedoch kein vollkommenes moralisches System. Eine Gefahr, die damit einhergeht, ist die Steigerung der Anzahl von problematischen Sanktionen, die aufgrund von moralisch nicht wirklich verwerflichen Handlungen verhängt werden. Dies ist der eigentliche Grund dafür, weswegen wir Privatheit so schätzen. Um eine Pluralität von Lebensstilen gewährleisten zu können, müssen wir Freiheit viel weiter fördern als dies derzeit geschieht und dürfen nur ernsthafte Vergehen sanktionieren.

Eine zentrale Rolle kommt dabei dem Staat zu, der die notwendigen Regulierungen für den Umgang mit Daten schaffen sollte. Wenn die meisten Informationen von nur einigen wenigen privaten Institutionen, wie etwa Google oder Apple, gesammelt werden, wird es schwieriger, rechtsstaatliche Grundlagen zu gewährleisten. Es muss eingeschränkt werden, wer Zugang zu welchen Daten hat. Und die für die Überwachung zuständigen Algorithmen dürfen nur im Ernstfall anschlagen. Es ist hierbei für die Wahrung der freiheitlichen Rechtsstaatlichkeit relevant, dass die primäre Überwachung mittels Algorithmen vorgenommen wird und der Zugriff von Menschen streng reguliert werden muss, da das Missbrauchspotenzial zweifelsohne enorm groß ist.

Eine *As-Good-As-It-Gets*-Ethik der Reduzierung von Gewalt

Bisher wurde eine Reihe von Gründen für die pragmatische Notwendigkeit der totalen Überwachung und damit einhergehend der Schaffung eines europäischen Sozialkreditsystems genannt. Wenn die Norm der

negativen Freiheit weiter gefördert wird, dann können
wir zentrale Errungenschaften der Aufklärung ausbauen
und gleichzeitig die Förderung der Gesundheitsspanne,
der Lebensqualität und auch des finanziellen Wohlergehens ermöglichen. Wenn wir jedoch von der Norm
der negativen Freiheit sprechen (Sorgner 2010), ist auch
der Personenbegriff zu klären, da es sich bei der Freiheit
um eine Norm für Personen handelt. Traditionell kam der
Personenstatus ausschließlich Menschen zu. Wenn andere
Entitäten inkludiert wurden, dann waren dies in der
Regel Engel und Gott (vgl. Sorgner 2010, 2018). Dieses
Personenverständnis wurde jedoch spätestens seit Darwin
und Nietzsche vehement kritisiert. Nun müssen wir uns
genauer ansehen, wem nun der Personenstatus zukommen
sollte und was es bedeutet, die Norm der negativen Freiheit für Personen anzuerkennen, was auch mit der Frage
zu tun hat, was Schaden für eine Person bedeutet, denn
die Freiheit von jemandem endet dort, wo die Freiheit von
jemand anderem beginnt.

Singer hat überzeugend gezeigt, warum der Speziesismus
moralisch problematisch ist. Wenn zwei Wesen im gleichen
Maße leiden, dann wäre es moralisch falsch, diese beiden
Wesen moralisch unterschiedlich zu betrachten, nur weil
sie zu zwei verschiedenen Arten gehören. Daher ergibt
sich die Notwendigkeit, den Personenstatus für Wesen zu
eröffnen, die nicht zur menschlichen Spezies gehören, für
nichtmenschliche Tiere und möglicherweise auch für ausreichend entwickelte KIs. Die Trennung des Personenstatus
von der Zugehörigkeit zur menschlichen Spezies bedeutet
im Übrigen nicht, dass eine dualistische Ontologie auf
rechtlicher Ebene durch eine nicht-dualistische Ontologie
ersetzt wird. Um eine ontologische Beurteilung durch
gesetzliche Regelungen zu vermeiden, muss eine laizistische
Rechtsgrundlage geschaffen werden. Ontologische
Urteile als Teil des Rechtssystems stehen zwangsläufig

im Widerspruch zu den Grundlagen eines liberal-demokratischen Systems. Daher ergibt sich die Notwendigkeit, Ontologien so weit wie möglich von einer Verfassung auszuschließen.

Der Vorschlag einer neuen Grundlage des Personenstatus ist als eine *As-good-as-it-gets*-Ethik gemeint. Wir brauchen einen fiktiven Vorschlag, der viele unserer Intuitionen abdeckt, aber nicht mehr als das. Die Norm der negativen Freiheit ist eine wunderbare Errungenschaft. Ich bejahe sie, und ich bin froh, dass ich diese Erkenntnis heutzutage mit vielen anderen Menschen teile. Ich kämpfe dafür, ihre Wirkmächtigkeit zu verstärken, ich bewerbe die normative Position, aber ich gehe nicht davon aus, dass sie ontologisch besser fundiert ist als jede andere moralische Position. Negative Freiheit impliziert die Ethik einer fiktiven Autonomie. Wenn wir analytisch darüber nachdenken, werden die theoretischen Herausforderungen und pragmatischen paternalistischen Implikationen einer ontologischen Grundlage der Autonomie deutlich. Wir sind in viele relationale Prozesse, Ereignisse und Zusammenhänge verwickelt. Das bedeutet jedoch nicht, dass eine relationale Ethik angenommen werden muss. Solche Vorschläge sind gefährlich. Leider vertreten viele kritische Posthumanisten eine relationale Ethik, ohne zu erkennen, dass dadurch gefährliche totalitäre und paternalistische Strukturen wiederhergestellt werden, die um jeden Preis vermieden werden müssen. Der ethische Nihilismus ist eine wichtige Errungenschaft, die gepflegt und weiterentwickelt werden muss. Ontologisch gesehen gibt es keine Normen. Wir sind mit einer Ontologie des permanenten Werdens konfrontiert. Für pragmatische Zwecke sind jedoch fiktive Normen erforderlich, und wir können und müssen entscheiden, welche wir annehmen wollen. Die zentrale Erkenntnis der Aufklärung ist, dass totalitäre und paternalistische Strukturen vermieden

werden müssen, da sie die Pluralität des menschlichen
Florierens notwendigerweise unterdrücken, und jeder
Mensch hat eine einzigartige Art des Florierens.

Relationale Ethiken transzendieren den ethischen Nihilismus und führen zur Wiederherstellung totalitärer und
paternalistischer Strukturen. Ein konkretes Beispiel aus dem
chinesischen Sozialkreditsystem veranschaulicht diese Einsicht. Die chinesischen religiösen Traditionen, insbesondere
der Taoismus und der Konfuzianismus, beinhalten eine
relationale Ethik. Deine Rolle hängt von Beziehungs-
strukturen ab. Du bist die Frau, der Partner, der Sohn oder
der Freund von jemandem, und diese Beziehungen beeinflussen deinen Rang in der Gesellschaft. Diese Strukturen
wurden in die chinesische Version des Sozialkreditsystems
integriert. Ein Beispiel aus dem wirklichen Leben veranschaulicht die Auswirkungen von relationalen Ethiken.
Vor Kurzem hat ein chinesischer Gymnasiast an einer
Prüfung für den Hochschulzugang teilgenommen. Er war
erfolgreich und hat bestanden. Allerdings durfte er nicht an
der Universität studieren, da sein Vater es versäumt hatte,
einen Kredit zurückzuzahlen. Der soziale Kreditwert des
jungen Mannes wurde daher durch das Verhalten des Vaters
und nicht durch das Handeln des jungen Menschen selbst
beeinflusst. Dies ist eine notwendige Implikation relationaler
ethischer Strukturen. Deine Rolle und dein Wert hängen
von den Handlungen derjenigen ab, die dir nahestehen
und dir lieb sind. Deine Freunde schauen sich Pornos an
oder gehen ungewöhnliche sexuelle Beziehungen ein. Dies
hat einen Einfluss auf deinen sozialen Wert innerhalb des
chinesischen Systems. Es ist eine notwendige Implikation
einer relationalen Ethik, die vermieden werden muss. Du
möchtest anhand dessen beurteilt werden, was du getan
hast und wofür du verantwortlich bist. Bist du ontologisch
verantwortlich für dein Handeln? Kann die Autonomie
ontologisch erklärt werden? Es geht nicht um ontologische

Fragen. Ontologisch gesehen können all diese Konzepte nicht sinnvoll sein. Autonomie ist eine Fiktion. Doch es ist eine Fiktion, die Auswirkungen hat, die als wunderbare Errungenschaften gelten. Eine Person hat das Recht zu wählen, was sie tun möchte, wenn es einer anderen Person nicht schadet und wenn es die Psychophysiologie einer anderen Person nicht verletzt. Eine Person hat das Recht auf morphologische Freiheit, d. h. das Recht zu wählen, welche Form sie annehmen, entwickeln und etablieren möchte. Dies ist der beste Weg, um Gewalt und das Entstehen von paternalistischen und totalitären Strukturen zu vermeiden.

Es gibt Ebenen des Personenstatus und Grade der Autonomie. Autonomie ist eine Fähigkeit. Bildung hat die Aufgabe, die Fähigkeit zu fördern, eigenständige Entscheidungen zu treffen. Autonom zu werden, hängt von der Fähigkeit ab, abstrahieren, Rückschlüsse ziehen, über philosophische Themen sprechen zu können. Mathematik, Sprachen sowie Kreativität und Logik sind notwendig, um Schlussfolgerungen zu ziehen. Werden wir durch die Erlernung dieser Fähigkeiten unabhängig von anderen werden? Ontologische Autonomie kann nicht einmal intellektuell konzeptualisiert werden. Es geht im Leben jedoch darum, die eigenen psychophysiologischen Triebe zu erkennen und an ihnen festzuhalten, sie zu affirmieren und in Übereinstimmung mit ihnen zu leben, was im Rahmen der Erziehung gefördert werden muss. Kulturelle Normen sagen dir, dass du dich in einer bestimmten Weise verhalten musst. Deine psychophysiologischen Triebe haben davon abweichende Anforderungen. Du musst sie erkennen und dich für sie einsetzen. Das ist die knifflige Herausforderung, die es zu meistern gilt. Es ist eine äußerst schwierige Aufgabe, die eine Herausforderung für alle darstellt. Auf die unterschiedlichen diesbezüglich relevanten Anliegen konnte ich in diesem Kontext nur kurz hinweisen.

Fazit

Ich erklärte, dass Computer dabei sind, kleiner zu werden und in unsere Körper einzudringen, sodass wir zu upgegradeten Menschen werden, die effizient mit ihrer Umwelt in Smart Cities interagieren können und über die entsprechenden Mittel verfügen, um mit dem Altern, dem schlimmsten Massenmörder der Welt, fertig zu werden. Diese Entwicklung geht einher mit neuen Herausforderungen im Zusammenhang mit der Digitalisierung. Alle diesbezüglichen Überlegungen lassen es praktisch notwendig erscheinen, die umfassende Datensammlung zu fördern, insbesondere das Sammeln von Big Gene Data, da wir sowohl unser persönliches Florieren als auch unseren wirtschaftlichen Wohlstand schätzen und nicht schlechter gestellt sein wollen als unsere Vorfahren. Wenn wir unseren Wohlstand und unser Florieren fördern wollen, dann müssen wir diese Herausforderungen annehmen und die entsprechenden politischen Regelungen hierfür treffen. Auf diese Weise kann unsere durchschnittliche Gesundheitsspanne noch signifikant erweitert werden, was die Wahrscheinlichkeit menschlichen Florierens weiter fördert.

Hier möchte ich hervorheben, dass eine vollständige Überwachung nicht bedeuten muss, dass die negative Freiheit aufgegeben wird. Die totale Überwachung ist nicht nur ein Werkzeug für die Mächtigen, um ihre Macht zu erhöhen. Zumindest muss das nicht der Fall sein. Selbstredend besteht die Gefahr, dass das Internet-Panoptikon auf diese Weise genutzt werden kann, wodurch wir mit einem Überwachungssystem von bisher unbekannter Intensität konfrontiert werden würden. Dies ist der Hauptgrund, warum es eine so weit verbreitete Angst vor solchen Strukturen gibt.

Ich kann diese nachvollziehen. Es ist nicht so, dass die Befürchtungen unbegründet sind. Eine Möglichkeit, mit dieser Angst umzugehen, könnte darin bestehen, dass primär Algorithmen für die Überwachung eingesetzt werden. In diesem Fall wird die Wahrscheinlichkeit des menschlichen Missbrauchs verringert. Wissenschaftliche Studien bestätigen, dass Menschen weniger Angst davor haben müssen, von Algorithmen überwacht zu werden als von anderen Menschen[4]. Algorithmen können so programmiert werden, dass Menschenrechte berücksichtigt werden. Wenn der Mensch in erster Linie für die Überwachung verantwortlich ist, steigt das Risiko des Missbrauchs. Allerdings, und das ist eine weitere hier hervorgehobene Einsicht. Viele unserer persönlichen Interessen können durch BIG-DATA-Analysen auf Basis einer personalisierten Dauerüberwachung gefördert werden. Personalisierte Daten sind notwendig, wenn es darum geht, Erkenntnisse über den Zusammenhang zwischen Genen und Gesundheit, Genen und Wohlbefinden oder Lebensstil und menschliche Entwicklung zu gewinnen. Große Datenzusammenhänge zu all diesen Themen erfordern personalisierte Daten. Je mehr Daten wir haben, desto mehr Korrelationen können erkannt werden. Selbst wenn alle diese Daten verfügbar wären, ergeben sich viele weitere moralische Herausforderungen. Wer sollte Zugriff auf welche Daten haben? Wer sammelt die Daten? Welche Ziele können mithilfe dieser Daten gefördert werden? Werbung floriert aufgrund von Datenerhebungen besonders stark. Sollten auch Werbetreibende das Recht haben, Daten vom Staat zu kaufen, wenn dies die für die Erhebung verantwortliche Institution ist? Gegenwärtig gehe ich davon aus, dass es ein Staat sein muss, der für die Datenerhebung zuständig ist, denn jede andere Organisation oder Institution, die über all diese Informationen verfügt, wäre bald extrem mächtig, wodurch sie einen enormen politischen Einfluss gewinnen würde. Damit der Staat jedoch nicht unser geistiges Eigentum enteignet, muss er es in unserem Interesse nutzen, d. h. indem er mit dem Gewinn ein weit verbreitetes menschliches Interesse erfüllt, z. B. die Förderung der Gesundheitsspanne durch den weiteren Ausbau einer öffentlichen Krankenversicherung.

Diese kurze Auswahl an Fragen zeigt, wie wegweisend die Umsetzung solcher Strukturen ist. Wir brauchen jedoch Daten für das wirtschaftliche Wohlergehen, für die wissenschaftliche Forschung, für die Förderung des Wohlergehens und für die Beseitigung des Alterns, des schlimmsten Massenmörders überhaupt. Die Realisierung all dieser Ziele ist so wichtig, dass das Nicht-Erheben von Daten keine praktisch realistische Option darstellt. Eine solche Vorgehensweise stellt die eigentliche Demokratisierung des Datengebrauchs dar.

Mithilfe eines europäischen Sozialkreditsystems, das auf der Anerkennung der Relevanz negativer Freiheit beruht, können wir eine große Vielfalt von Lebensstilen sowie die gesundheits- und wohlfahrtsbezogenen Interessen, die von der digitalen Datenerfassung abhängen, weiter fördern. Daher kann ich abschließend betonen, dass ich es kaum erwarten kann, dass unsere posthumane Zukunft eintritt.

Anmerkungen

1. Detaillierte diesbezügliche Überlegungen habe ich in meiner Monografie „Schöner neuer Mensch" angestellt (Sorgner 2018).
2. https://www.sciencemag.org/news/2019/01/artificial-intelligence-turns-brain-activity-speech, 9.4.2019.

3. https://now.tufts.edu/news-releases/scientists-develop-tiny-tooth-mounted-sensors-can-track-what-you-eat, 9.4.2019.
4. https://www.brookings.edu/research/drones-and-aerial-surveillance-considerations-for-legislatures/ (11.2.2020).

Literatur

Appasani, K. (Hrsg.). (2018). *Genome editing and engineering. From TALENs, ZFNs and CRISPRs to molecular surgery.* Cambridge: Cambridge University.

Bacon, F. (1859). Meditationes sacrae. In J. Spedding, R. L. Ellis, & D. D. Heath (Hrsg.), Francis Bacon (1857–1874: The Works of Francis Bacon), VII, 227–254. London: Longman.

Ehni, H.-J. (2018). *Altersutopien.* Frankfurt a. M.: Campus.

Haraway, D. (1991). *Simians, cyborgs and women: The reinvention of nature.* New York: Routledge.

Hayles, K. N. (1999). *How we became posthuman: Virtual bodies in cybernetics, literature, and informatics.* Chicago: University of Chicago.

Stiftung, D. (Hrsg.). (2017). *Big Data und E-Health.* Berlin: Erisch Schmidt Verlag.

Sorgner, Stefan Lorenz. (2010). *Menschenwürde nach Nietzsche: Die Geschichte eines Begriffs.* Darmstadt: WBG.

Sorgner, S. L. (2016). *Transhumanismus: ,Die gefährlichste Idee der Welt!?'.* Freiburg i. Br.: Herder.

Sorgner, S. L. (2017). Genetic privacy, big gene data, and the internet panopticon. *Journal of Posthuman Studies: Philosophy, Media, Technology, 1*(1), 87–103.

Sorgner, S. L. (2018). *Schöner neuer Mensch.* Berlin: Nicolai.

Sorgner, S. L. (2019). *Übermensch. Plädoyer für einen Nietzscheanischen Transhumanismus.* Basel: Schwabe.

Prof. Dr. Stefan Lorenz Sorgner ist Philosophieprofessor an der John Cabot University in Rom, Direktor und Mitbegründer des Beyond Humanism Network, Visiting Fellow am Ethikzentrum der FSU Jena, Research Fellow am Ewha Institute for the Humanities der Ewha Womans Universität in Seoul und Fellow am Institute for Ethics and Emerging Technologies. Außerdem ist er Editor-in-Chief und Founding Editor des "Journal of Posthuman Studies" und gilt als einer der weltweit führenden Philosophen des Post- und Transhumanismus. Er ist Herausgeber von mehr als zehn Büchern und Autor der folgenden Monographien: „Metaphysics without Truth" (Marquette University Press 2007), „Menschenwürde nach Nietzsche" (WBG 2010), „Transhumanismus" (Herder 2016), „Schöner neuer Mensch" (Nicolai 2018) und "Übermensch" (2019 Schwabe). Er ist ein international gefragter Vortragender (World Humanities Forum; TEDx, Global Solutions, Biennale Arte Venezia) und ein regelmäßiger Ansprechpartner nationaler sowie internationaler Medien (Die Zeit, Cicero, Der Standard; Die Presse am Sonntag).

Printed in the United States
By Bookmasters